U0175396

xueer

学而书坊

—

学而时习之 不亦说乎

# HOW TO CREATE AND USE RUBRICS FOR FORMATIVE ASSESSMENT AND GRADING

SUSAN M. BROOKHART

# 如何编制和使用量规

## 面向形成性评估与评分

[美] 苏珊·布鲁克哈特——著
杭秀 陈晓曦——译
盛群力——校

宁波出版社
NINGBO PUBLISHING HOUSE

浙江省卓越教师培养协同创新中心2017—2018年重点项目“教师教学设计应用模式研究”成果之一

# 作者简介

About the Author

苏珊·M.布鲁克哈特是美国蒙大拿州海伦娜地区一位独立的教育咨询师，也是杜肯大学教育学院教与学研究促进中心的联合高级研究员。

她曾在课堂评估领域独立发表多篇文章，与他人合著多部著作，其中包括ASCD出版的《如何为学生提供有效反馈》(*How to Give Effective Feedback to Your Students*)以及《如何评估课堂中的高阶思维技能》(*How to Assess Higher-Order Thinking Skills in Your Classroom*)等。

# 译者简介

About the Translators

**盛群力**

浙江大学教育学院课程与学习科学系教授，博士生导师，主要学术旨趣和专长为教学理论与设计。主持/主讲国家精品课程和国家精品资源共享课《教学理论与设计》（2005—2015；2016—），代表性著作有《个性优化教育的探索》（人民教育出版社，1996）、《现代教学设计论》（浙江教育出版社，1998，2010；台湾五南图书出版公司，2003）和《教学设计》（高等教育出版社，2005），主持翻译了《首要教学原理》（福建教育出版社，2016）和《综合学习设计》（福建教育出版社，2012，2015），发表了撰/译文200余篇，出版了教学设计著作和译著40余部，曾获全国优秀教师"宝钢奖"（2001）。

**杭　秀**

本科毕业于南京师范大学英语专业，研究生就读于浙江大学，获教育学硕士学位。研究方向：教学设计。

**陈晓曦**

本科毕业于南京师范大学英语专业，后获东华大学外国语言学及应用语言学硕士学位。现就职于上海市松江区方塔小学。研究方向：语言教学等。

# 前言

Preface

本书的主要目的是为量规在课堂上的应用提供参考。要想将量规应用于课堂,必须满足两个要求:首先,量规本身必须设计良好;其次,量规应既能用于学习,又能用于评分。

相信大多数读者对量规并不陌生,而诸位也将基于自身的认知视角来阅读本书。或许本书会为你当前的理解提供佐证,同时(我希望)提供额外的建议和使用案例。亦或许本书会挑战你的固有观点或课堂实践,并敦促改变。

在本书的编撰过程中,我曾经存有一定顾虑,因为大家原有的认知和惯用的做法会给接受新事物带来难度。这种现象在实际的教学实践中时有发生,然而教师却经常缺乏此类敏感性。我希望诸位读者都能够摈弃成见,不断发问:“我是如何看待这个问题的?”也是出于上述考虑,我在全书中插入了自我反思的相关问题。建议读者将这些问题利用起来,并将思考结果记录下来,用作最后的复习和巩固。

从某种角度看,整本书共探讨了两个问题,也因此分为两个部分。第一部分讲量规的基本知识:量规的定义、编制和分类等。第二部分则是描述如何在教学中使用量规。

第一部分重点围绕量规的两个要素。第一,量规中必须包含有关学生学习表现的（而非任务的）清晰、合理的标准。第二，量规中必须包含连续的表现质量层级描述。如果是解析型量规，每项标准都会有独立的表现描述；如果是整体型量规，不同标准在同一层级的表现会集中描述。

第二部分关注的主要问题是如何用量规促进和评估学习。依据目的划分，使用策略可分为：明确学习目标、形成性反馈和学生自我评估，以及评分。其实，让学生明确学习目标是基本的形成性评估策略。如果没有清晰的学习目标，从学生角度就无内容可评。

# 致谢

Acknowledgments

本书得以顺利完成，归功于很多人的支持、帮助和付出。感谢了不起的贝弗·朗（Bev Long）和阿姆斯特朗学区的教育者，感谢令人赞叹的康妮·莫斯（Connie Moss）和杜肯大学教育学院教与学研究促进中心，感谢我无与伦比的同事朱蒂·阿特（Judy Arter）和简·沙皮伊（Jan Chappuis），感谢所有我曾经有幸与之共同探讨过量规和学生学习等问题的敬业的教育者们。我从诸位当中获益良多。感谢 ASCD 天才般的编辑和制作员工，尤其是珍妮·奥斯特塔格（Genny Ostertag）和黛博拉·西格尔（Deborah Siegel）。感谢我的家人，特别是我的丈夫弗兰克（Frank）对我的爱和支持，还有我的女儿瑞秋（Rachel），尤其是她在有关笑的量规中为我提供的灵感，还要感谢我的女儿卡萝（Carol）的坚持。这本书积聚了大家共同的努力。当然，如有任何错误或疏漏，都是我个人原因所致。

# 目 录
Contents

第一部分

# 各种各样的量规

All Kinds of RUBRICS

第 1 章

# 量规的定义及其重要性

What Are Rubrics and Why Are They Important?

**反思**

你目前如何看待量规？写下你对量规的认识以及使用经历，待阅读完本书之后将前后的思考进行对比。

“量规”（rubric）这个词来源于拉丁词汇“红（red）”。关于量规，韦氏在线字典给出的第一条定义是“权威法则”，第四条解释是“为学术论文、项目或测试的分级和评分提供具体标准的操作指南”。一个色彩词汇为什么能被用来表述法则和指南呢？这至少得追溯到中世纪。与当时日常的宗教用语不同，宗教仪式的行为规范在书面上都是用红色字体印刷出来的，所以红色便成了规则的象征。

本书所诠释的课堂用量规与字典上定义的量规有些许不同：一方面，课堂用量规的优势超出了评分和打分的限制；另一方面，课堂用量规又并非有关学生学习的全部法则和指南。本章将介绍有关量规的基本概念，并在后续章节中讨论量规的常见误区以及量规的编制和选择。

第一部分第 1 章将阐释量规的基本概念，第 2 章将说明量规的常见误区，第 3 章将介绍量规的编制和选择。

# 量规的定义

量规是针对学生学习制定的,它包含一组清晰连贯的标准,以及这组标准下各层级的表现质量描述。听上去很简单?但是在实践中却很少有真正意义上的量规。例如,因特网上虽充斥着各式各样的“量规”,但大多缺乏学业表现描述,本质上并不能被称作量规。有关量规的常见误区和成因将在第2章中集中论述,现在编者更想强调什么是真正的量规应具备的属性。从定义上我们可以明确两点:一是有清晰连贯的标准,二是有依据标准制定的各层级表现描述。

量规的本质是描述性的而非评估性的。当然,可以用量规进行评估,但是操作方法是将表现与描述进行匹配而不是评判。量规的优劣取决于标准的选择及其对各层级表现进行的描述。有效的量规离不开适宜的标准描述以及良好的表现描述。

# 量规的用途

和其他的评估工具一样,量规只能在特定的领域起作用。量规的主要用途是对学习表现进行评估。一类表现是你在学生完成任务的过程当中观察到的,比如使用电钻或者讨论议题的过程表现;另一类表现则包含在学生学习的具体成果当中,比如一个完工的书架或者一份写好的报告。表1.1列出了几种(不是全部)常见的可以用量规进行评估的在校行为表现,它可以帮助读者理解量规适用的几种表现类型。

这份列表并没有建议你“应该”做些什么。国家的课程目标、教学目标和具体目标等才是学生应该做些什么的具体要求的来源。当外显的行为表现（学生完成、制作、讲述或者书写的内容）能够准确地指明预期的学习结果时，量规就是最好的评估方式。但是，这些行为表现本身并不是学习结果，而是学习结果的表征。除极个别的情况，所有行为表现都只是在完成预期教学成果的过程中所产生的可能表现（详见第2、3两章）。这里需要明确，表1.1的作用是通过提供示例，确保读者能够在学生学习目标表征合理的情况下对相关行为表现以及量规的适用范围有较清晰的了解，并不能代替国家标准、课程目标以及教学目标，成为确定学生应具备何种表现水平的依据。

一般测试题或者口头问题都有明确答案，且可以用对或错进行评估。有说法称，此类问题是唯一不适宜用量规进行评估的问题类型。但当你想要评估学生问题回答的合理、完整以及适合程度时，此类测试题也能够反映出可以用量规测量不同层级的表现质量。

量规为教学观察提供线索。学生的学业观察结果与量规描述的对照匹配，可以规避课堂评估情境中的仓促论断。量规是对学生行为表现的描述而不是评判。基于量规的质量评估结果中包含了对表现做出的描述，可以被用作反馈和教学。这与不使用量规、直接给定分数或等级的质量评定有明显区别。没有描述的论断将中断课堂行为实施。

表 1.1 可以用量规进行评估的几种表现类型

| 表现类型 | 实 例 |
|---|---|
| 过程：<br>· 身体技能<br>· 器具使用<br>· 口头沟通<br>· 学习习惯 | · 弹奏乐器<br>· 做一个前滚翻<br>· 制作一张有关显微镜的幻灯片<br>· 在课堂上做演讲<br>· 大声朗读<br>· 翻译外语<br>· 独自作业 |
| 结果：<br>· 构建项目<br>· 完成随笔、主旨、报告和学期论文等的写作<br>· 其他有关概念理解的学习成果 | · 木制书架<br>· 焊接<br>· 手工制作围裙<br>· 水彩画<br>· 实验室报告<br>· 有关莎士比亚时期戏剧写作的学期论文<br>· 马歇尔计划实际效果的书面分析<br>· 模型或图表结构（原子、花朵、行星系统等）<br>· 概念图 |

# 量规的种类和特点

通常，量规根据其内部构成不同，可衍生出两种分类方法。其一，量规依据的是单个标准还是整体标准？其二，量规是综合性的、可以适用于多种任务的，还是具体的、只能应用于一类任务或评估的？表 1.2 描述了几种不同类型的量规以及它们各自的优缺点。

## >>>解析型和整体型量规

解析型量规（analytic rubrics）描述的是各个标准下的学生学习情况，而整体型量规（holistic rubrics）综合应用整体标准，对学生学习质量进行全方面评估。表 1.2 的上面两栏介绍了解析型和整体型量规的定义，并列出了它们各自的优劣势。

解析型量规足以满足大多数课堂教学的需要。学生在分层标准的指引下会根据不同学习内容的需要投入不同程度的关注，因而解析型量规能更好地促进教学和推动形成性评估。分层标准聚焦还有利于推动总结性评估（评分），该评估可用于设计单元衔接以及制订年度教学计划等决策。

当学生无须知晓也接触不到最终的总结性评估内容，并且所有的评估信息除评定等级外另无他用时，使用整体型量规会优于解析型量规。例如，某些中学的期末考试。这种教学情形下，只需给出整体结论，无须针对每项标准进行独立分析，使用整体型量规会显得更加便捷。

总体来说，在课堂教学中，解析型量规要优于整体型量规，因此本书中的多数示例都是解析型量规。关于整体型量规还需重申一个要点：整体型量规是对全部标准的综合应用。使用者需从整体出发，但又不能从笼统的判断维度得出类似“优、良、中、差”的评估。真正的整体型量规同时满足量规各方面的规定和要求，以良好的学生学习标准以及标准达成过程中的观察内容为依据。

## >>>一般量规和具体任务量规

一般量规（general rubrics）使用的标准和表现描述是概括了或者能够应用于不同任务的，同时这些任务必须服务于同一学习成果，例如写作或者解决数学难题。一般量规的应用标准指向整体学习成果而不是某一具体任务，例如它会列出问题良好解决的所有特征，而不针对某一具体问题的解决。表现描述的概括性体现在学生学习到的是综合技能，而不是完成孤立的碎片化任务，例如为促进问题解决，该描述可能强调综合运用所有相关信息，而不是使用单一的、零散的操作工具。具体任务量规（task-specific rubrics），顾名思义，就是适用于不同任务的量规。它包含问题答案、推理阐释、事实和概念列表。一般量规和具体任务量规的优缺点可参见表 1.2。

**为什么使用一般量规？**与具体任务量规相比，一般量规有如下优势：

- 可以在任务开始之前与学生分享量规，帮助学生计划和监控学习过程。
- 可以用于多种不同任务，持续关注学生知识和技能的发展。
- 学习表现描述适应学生的多元发展要求。
- 将教师的关注点从完成任务转移到培育学习技能上。
- 每次开展任务前，量规无须重复制作。

让我们仔细分析前两个优势。

**可以在任务开始之前与学生分享量规。**一般量规不会直接给出问题答案，相反，学生需要通过自己的努力获取必要信息。一般量规会提供诸如“推理过程阐释清晰，而且有合理的论据支撑”之类的表现描述，使学生聚焦学习目标本身（例如，应用合理的论据，清晰阐释推理过程），以及任务完成的途径（例如，解决问题时，我应该在做出决定前厘清各种影响因素，并提供恰当解释）。因此，一般量规的应用过程也是逐步建立良好技能表现概念的过程（例如，学生会认识到有效的问题解决需要提供清晰的推理和论证）。

表 1.2　不同种类量规的优势和劣势

| 量规的种类 | 定　义 | 优　势 | 劣　势 |
| --- | --- | --- | --- |
| **整体型还是解析型：一个还是多个评估标准** | | | |
| **解析型** | •针对每项标准（维度、特性）进行单独评估。 | •为教师提供诊断性信息。<br>•促进形成性反馈。<br>•与整体型量规相比，更加容易与教学结合。<br>•有利于形成性评估；经改编后可用于总结性评估；可以为评分提供分数参考。 | •与整体型量规相比更加耗时。<br>•使用者需要花费较多精力以获得评分者间信度。 |
| **整体型** | •综合所有标准进行评估。 | •打分更加快速。<br>•更易获得评分者间信度。<br>•有利于总结性评估。 | •仅仅包含一个总分，无法给出如何改善学习等方面的具体信息。<br>•不利于形成性评估。 |

续表

| 量规的种类 | 定　义 | 优　势 | 劣　势 |
|---|---|---|---|
| 表现描述：一般或具体任务 | | | |
| 一般 | • 学习描述给出的特征可适用于同类任务（如写作、问题解决）。 | • 可以公布给学生，将评估与教学有机联系起来。<br>• 同样的量规可以在同类任务或者作业中反复使用。<br>• 使学生跳出任务局限，着眼学习目标，从而促进学生学习。<br>• 推动学生自我评估。<br>• 学生可以参与一般量规的构建。 | • 与具体任务量规相比，在初始期信度较低。<br>• 需要大量练习以达到熟练使用程度。 |
| 具体任务 | • 描述仅针对特定任务的具体内容（如提供答案、详述结论）。 | • 有时具体任务量规能够快速评分。<br>• 更易获得评分者间信度。 | • 无法与学生共享量规内容（会暴露答案）。<br>• 每次任务开始前都要重新制作量规。<br>• 对于开放题型，一些没有包含在量规中的答案可能会被错评。 |

来源：From *Assessment and Grading in Classrooms*（p.201）, by Susan M. Brookhart and Anthony J. Nitko,2008, Upper Saddle River, NJ: Pearson Education. Copyright 2008 by Pearson Education. 授权转载。

**可以用于多种不同任务。**一般量规关注的是知识和技能的发展，而不是完成某项具体任务，因此能够完美避免"空量规"（详见第2章）的产生。良好的一般量规，在定义上就能与伪任务指向、表征数或评估型等级量表区分开。

既然一般量规关注的是学生知识和技能的发展，那么量规能够，也理应适应全方位学习任务要求。当然，你无法一次性提供给学生同一领域内的所有可能任务，就如你不能要求学生写尽人的性格特征，解决所有有关斜率的难题，或者描述权力真空情况下政权接管的全部案例。

但是，每一项任务都应具备一定的知识和技能要求，而且这些知识和技能会随着练习的深入而逐步得到发展。论文写作、问题解决、实验设计以及政治体系分析在它们各自的专业领域中都是非常重要的技能。如果同一类任务的量规是统一的，那么学生可以从中掌握良好的论文写作或者问题解决等总体技能。如果同一类任务的量规不统一，学生则可能会失去串联起前后知识的重要支架。统一的量规可以帮助学生建立起整体的知识和技能的框架，而不是单纯地将学校学习等同于某些任务的完成。

**为什么使用具体任务量规？**具体任务量规能够为评分提供参考。它规定了在具体任务中学生答案应包含的详细内容，与一般量规相比，使用者在学生表现的评分上无须达到过高的推理水平。基于此，在大规模评估中，评分者可借助具体任务量规快速掌握可靠的评分技能。同样，教师也能通过短时间练习连贯应用该类型量规。相比之下，一般量规要达到这种使用水平就难得多了。

然而，这种可靠性优势只是短期的（一般量规的熟练应用也是可以习得的），并伴随着一个很大的缺陷：具体任务量规只适用于评分。如果学生不能在任务起始时接触到量规，教师就无法与其共享量规内容，那么便无法开展形成性评估。因此，除了特定用途外，一般不使用具体任务量规。

它并没有蕴涵量规最核心的效能，即帮助学生概念化学习目标与监控学习过程。

## 量规的重要性

量规明确了学生的学习要求，换句话说，帮助学生理解了学习目标和成功标准。基于此，量规可应用于辅助教学、协调教学和评估以及促进学习等方面。

### >>>量规辅助教学

量规编制和选择的依据是学生学习的评估标准。聚焦学生学习比聚焦教学更能真正促进教学。常规的讲授法，诸如“我教美国革命”或者“我教一元二次方程”，虽然教学内容是明确的，但是没有明晰教学成果。如果教学成果模糊，就很难实现教学内容选择的有的放矢。而量规恰恰能够弥补这一漏洞，从教学内容和教学成果两方面进行界定。

良好的量规能够帮助教师将任务、活动与学习目标区分开，明确任务的完成或活动的结束并不等于学习目标的达成。确保教师教学以标准为中心，而不是以任务为中心。在标准选择部分，我们已经讨论过这一观点，而且这也是本书最重要的观点，将在后面的篇幅中不断得到呼应。以标准为中心看似生涩难懂，相反以任务为中心则操作简单，所以，对于许多忙碌的教师而言，后者极具吸引力。然而这样的方法只能在短时间内见效，长此以往只会造成学习耗损，捡芝麻丢西瓜。

## >>>量规协调教学和评估

大多数量规都可以重复使用。教师在单元教学或者任务开展伊始向学生介绍量规及其内容,学生则在解决问题、接收反馈、操练、优化迁移、再操练、评分等过程中使用同一量规,作为他们描述标准和衡量表现水平的依据。相比不同标准要求下的相关任务组,这一做法更显清晰连贯。

## >>>量规促进学习

量规的标准及表现层级描述有助于学生掌握理想表现的具体要求。有效量规会告知学生他们各自的表现在标准中所处的成就水平。如果应用于形成性评估,学生还会得到有利于改善表现质量的信息。这一观点已经研究证实,且适用于所有年级的不同科目。

研究表明,标准生成过程也是学生参与定义和描述自身学习质量的过程。南希·哈里斯和劳拉·库恩(Higgins, Harris, & Kuehn,1994)曾经在小组教学课堂上做过相关研究,目的在于考查小学生心目中的“好项目”标准。他们发现,一、二年级的学生已经能够定义小组项目标准。在年初,大多数学生标准都围绕着过程(例如,小组成员之间的相处情况)。到12月,学生能够通过浏览项目示例以及持续的头脑风暴和讨论,逐步认识到实质标准的重要性(例如,项目中所含的信息)。到了年末,学生选择的标准中已经包含一半过程性标准和一半实质性标准。本项研究表明学生需要学习如何专注学习,而且更重要的是,这类教学可以从一年级及早开始。

安德雷德、杜和王(Andrade, Du, & Wang,2008)曾经对三、四年级的学生做过一项调查。他们让学生阅读一项经典的书面作业,并建立各自的评估标准,再用该量规对自己的故事和作文进行自评。实验设置一个参照组，该组的学生通过头脑风暴的方式建立评估标准，但在不使用量规的情况下对草稿进行自评。实验中，学生原有的写作能力为控制要素，使用量规的小组整体写作质量较高，尤其在观点阐述、组织架构、语态和遣词造句方面。也许是学生从入学开始便不断接受集体训练，两组在组词、断句和语言习惯上有一致性。安德雷德、杜和麦瑟克（Andrade, Du, & Mycek, 2010）发现，上述的实验结论也可以套用在5—7年级的学生身上，只不过他们建立的是六项标准。

罗斯、豪格博恩－格雷和罗莱瑟（Ross, Hoagaboam-Gray, & Rolheiser, 2002）在教授五、六年级学生数学自评技巧的过程中同样使用了标准法。他们的自评教学分为四大步骤：学生参与标准定义，教授学生如何应用标准，根据标准提供自评反馈，依据自评帮助学生制订行动计划。学生既有的问题解决能力为控制变量，研究显示，使用标准进行自评的学生相比参照组得分更高。

罗斯和斯塔林（Ross & Starling, 2008）依据标准在某初三地理课上也使用了上述四步自评法。学生当时正在学习如何使用全球信息系统（GIS）软件解决地理问题，由此学习目标确立为准确使用GIS软件，并利用其解决现实生活中的地理问题，同时描述问题解决策略的产生过程。其中计算机自我效能感前测（在技术学习中尤为重要）为控制变量。研究显示，实验组分别在三个方面胜过对照组：软件地图制作、问题解决策略的描述报告、有关制图项目的知识计量测试。其中差别最大的为问题解决策略的描述报告。

哈夫纳和哈夫纳（Hafner & Hafner, 2003）以生物专业的大学生为研究对象，考查如何在合作讲演课中应用量规开展自评和师评。该实验有五大标准：组织和研究、说服力和论述逻辑、合作、表达和语法以及创造性和原创性。实验中使用的量规是经过学生共同讨论开发出来的，并进行了不断的修正。为达到研究目的,某一课程连续三年使用同一量规。教师的目的在于衡量学生从同伴处所获评估的准确性:评估是否与教师讲授相符合,是否在不同年级、不同时段具有相同准确性。答案是肯定的。学生之间能够给予同伴准确的评估,他们提供的信息也与教师的讲授相符合,而且在各个年级层均适用。

**反思**

你如何才会相信在课堂上使用标准量规有利于学习产出并能提升学生的学习技能?你将如何在教学中进行验证?

## 小 结

本章主要从两方面对量规进行了定义:标准以及表现层级描述。标准是针对学习目标而不是学习任务本身制定的。表现层级体现了描述性,而非评估性。量规通过将学生的学习表现与表现层级描述相匹配来完成评估任务,并非做出即时的评判。本章最后论证了使用量规的几大优势,诸如帮助教师教和学生学,在特定的教学和学校背景中鼓励学生主动求证等。

第2章

# 量规的常见误区

Common Misconceptions About Rubrics

本章首先介绍有关量规的常见误区，随后将进一步阐述如何遵循一定的原则编制或选择有效量规，以规避这些误区。我发现有不少反例恰到好处地清晰反映了这些原则对有效量规编制的规范作用。

在我看来，许多对量规认识的误区，归根到底源于教师对量规工具的依赖，不仅如此，教师还企图将该工具与自己的已有认知结合，进而实施评估。这一过程更像是在评分。教师可能已经对评分有了误解（Brookhart, 2011；O'Connor, 2011）。许多教师因错误使用量规而违背其初衷，对学生学习产生了不良影响。网络上的很多量规也存在这样的问题。

## 将学习结果与任务混淆

量规不应将待评估的学习结果与用以评估它的任务混为一谈。量规并不等同于列在图表中的任务指示。当教师使用量规评估表现时，常犯的最大错误就是，他们将目光过度聚焦在任务、成果上，而忽略了任务试图让学生表现出来的学习结果或水平。这是我长久以来总结的经验,也已被业界认同。

戈德堡和罗斯威尔(Goldberg & Roswell,1999—2000)观察了来自8所小学和3所中学的200份课堂素材样本。教师需要精心选择课堂活动、准备教学内容、制订单元计划以及设计评估方法,在教师看来,这些工作可以为他们切入课堂提供一个"视角"。这些教师中有一些曾参与马里兰学校表现评估项目(MSPAP)的研究,另一些则未参与。研究人员预期前者能够在研究经验基础上开发出比后者好的评分工具,如量规等。然而他们却发现,几乎所有教师自创的评分工具都有着无法掩盖的缺陷。这些缺陷包括以下几个方面:

- 混淆被测结果(同时对多个学科领域的技能评分,并未认识到它们各自是独立的);
- 对无关的外部特征进行评分(如整洁度、颜色等);
- 不去寻找能够证明被测结果水平的证据,而是通过统计各部分或各要素的数量进行评分;
- 对学生尚未学习的内容进行评分;
- 将学生的学习成果(而非学习结果)作为评分对象(p.281)。

戈德堡和罗斯威尔(Goldberg & Roswell,1999—2000)举了一个例子来对"将学生的学习成果(而非学习结果)作为评分对象"进行说明。一位社会课教师想要教授并评估学生对两项马里兰学习结果的理解:"调查或描述人们在家庭、学校和社会中制定和修改规则的过程……提出能在各种情况下增进秩序、促进公平的规则。"(p.277)教师设计了一个多步骤表现任务。首先,学生需要阅读小说《勇敢者游戏》(*Jumanji*)。该小说讲述了一个逐渐失控的神秘棋类游戏。学生在读完小说后要回答各种表面的和深层的问题。接着,学生分组列出他们所熟知的其他棋类游戏,经讨论后设计一款新的棋类游戏,并用其进行比赛。最后,他们要列举不同游戏中所出现的问题并进行分析、解决,最终写一则广告推广他们共同设计的新游戏。然而正如戈德堡和罗斯威尔所指出的,以上所有问题或活动都未讨论人们制定游戏规则的方法和原因。

若不仔细分析,这个活动看似非常完美:它不仅涉及多学科的交叉渗透(包括英语语言艺术和社会学学科),还富有吸引力和趣味性。其实只要经过些许改动,它就可以达到预期的社会学概念教授与评估的目的——而实际上它所教授和评估的却是阅读理解能力(阅读小说并回答相关问题,但这些问题却与人们制定规则的概念无关)、小组合作技能(设计新游戏并用其比赛)、某些解决问题的技能(诊断游戏的问题并对症下药)和交流沟通技能(设计推广广告)。

以上种种"打擦边球"的活动,其量规通常是偏离目标的——评估的是任务,而不是学习结果。使用具体任务标准(阅读理解、棋类游戏、参与比赛以及广告设计)能够对学生评分,却不能从评分中发现有关社会课学习结果的信息。如果将任务稍稍修正,便可将社会学概念引入所提问题中,将规则制定过程中的反思和集体讨论纳入创制新游戏的活动中,那么下列相关的标准就可以被使用:对规则制定的过程描述很清晰,对小说和活动二者的解释说明有理有据,修正后游戏规则的秩序性和公平性能够明确呈现。

聚焦任务或教学活动而不关注学习目标,这一问题不只存在于表现评估和量规标准选择两方面,教学计划和总体评估中也常见此类问题(Chappuis, Stiggins, Chappuis, & Arter, 2012)。然而,由于人们很容易错误地将标准与任务(并非学习目标)匹配,更由于一些课堂表现任务总是偏离目标，因此在选择量规标准时，将任务与学习目标混淆的问题尤为突出。尽管这些课堂表现任务很有吸引力，却"毫无意义"（Goldberg & Roswell, 1999—2000, p.276）。事实上，许多表现任务和其相关量规要比棋类游戏的例子更加缺乏意义。就像我刚才提到"打擦边球"的例子，量规应当指向整个学习，不能想当然地仅指向完成任务，这一概念是不能轻易偷换的。

只关注任务而不关注预期学习结果，会导致两个层面的错误。首先，学生会误以为你要求他们做的就是你想让他们学的。因此，任务必须能够"表现出理解"（Moss & Brookhart, 2012），而非"擦边球"。"擦边球"任务不仅会使学生失去学习的机会，还会让他们失去将所学内容概念化的机会。其次，与基于学习标准相反，基于任务标准并不会生成你和学生需要的信息来支持今后的学习，学生反而会生成已完成任务的信息，随之停止——毕竟此时任务已经完成。生成的信息大多不是关于学习的，而是关于如何培养学习习惯、遵从指令及做一个"好学生"。这样就错失了促进和测量学习的机会。

回想一个你使用过并利用量规对之评分的表现评估。量规中的标准是关于任务还是关于任务试图让学生展示的学习结果？任务和量规标准是否需要修改？如果需要的话，应该如何修改？

这并不是指我们不想让学生学习如何遵从指令或教他们借助工具完成指令。我们当然想。项目清单或者等级量表（参见第 7 章）通常可以用来评估作品中与任务相关的方面。项目清单能够帮助学生判断其作品的完整性，这样他们就可以知道上交的作品是否符合要求，同时养成学习习惯。而关注学习量规能帮助你和你的学生在任务实施过程中随时把握学到的内容。

# 将量规与要求或数量混淆

量规不是对作品的要求，也不是对属性特征的简单统计。如前一部分所讲，量规一个极具诱惑但缺乏意义的用法，就是在陈列任务特征及每一特征必要元素的数量或种类的表格中，为作品编制指令（如“封面页”）；随后，学生依据量规获得相应分数。量规的这种用法突显了对分数等级而非学习过程的关注。我说它“极具诱惑”，是因为它可以在短期内训练出为获得想要的分数而完成作业的顺从的学生。若盲目追求这一点而不考虑这种顺从能否证明学习，教师将很容易陷入这一习惯中。我就知道有些教师会到处运用这种“量规”。

表 2.1（见下页）就展示了一个相当常见的量规类型。你们中的大多数人可能对这一任务并不会感到陌生：学生（最好成对或成组）需要完成一份海报，海报必须包含所研究主题的相关知识。我见过这一抽象任务被赋予各种具体的主题，例如研究美国的州（该例所示）、大陆，加拿大的省，行星，以及周期表中的元素等等。有时学生可以自由选择州、大陆等内容作主题，而有时主题是事先给定的。

常有教师想当然地认为，学生查找资料的同时也在“学习”这些资料中的知识，但是海报任务并不能对此做出证明 —— 它仅证明了学生能够在百科全书中或者网络上查找到关于“州”的信息，然后将其抄录下来。而任务本身也仅关于对教室或走廊的装饰，并使学生从中获得乐趣。这个例子很好地阐释了一个不给学生机会展现预期学习结果的无意义任务。

对知识记忆的评估，最好借助一个简单的考试或测试进行。做海报也许是一个可以帮助学生准备考试的教学活动，但将《州》这一单元的教学和评估时间用来记忆相关知识似乎有些浪费。这取决于国家标准和地区课程的要求。无论怎样，我都想使用量规评估这一常见任务，以此为例来

**表 2.1　失败的量规示例**

| 我的州海报 | | | | |
|---|---|---|---|---|
| | 4 | 3 | 2 | 1 |
| **知 识** | 海报至少含6项关于州的知识信息,且读之有趣。 | 海报含4—5项关于州的知识信息,且读之有趣。 | 海报至少含2—3项关于州的知识信息。 | 缺乏部分知识信息。 |
| **配 图** | 所有配图皆切合主题,使主题更易被理解。 | 有一幅配图与主题无关。 | 有两幅配图与主题无关。 | 配图全部与主题无关。 |
| **整洁性** | 海报在设计、排版及整洁性方面极具吸引力。 | 海报在设计、排版及整洁性方面具有吸引力。 | 海报具有一定吸引力,但尚有稍许散乱。 | 海报混乱,或者设计极差。 |
| **语 法** | 语法、标点或拼写上没有错误。 | 语法、标点或拼写上有1—2处错误。 | 语法、标点或拼写上有3—4处错误。 | 语法、标点或拼写上有超过4处错误。 |

说明什么是不应该做的。我见过许多教师认为表2.1所示的量规就是对学生有益的,事实并非如此!

有了这些"量规",完成作品也许就真的只需要"与同伴合作,并选择一个州为主题"一条指令就够了。这些量规实际上更像是一个供学生使用的项目清单,将任务所需属性(而不是设计要呈现的学习过程)一一列出。海报必须包含六个方面的知识,每个方面配有图片说明,还要做到整洁美观、语法正确。检查项目清单本无任何问题,且如果愿意的话,教师可以自己创制一个工具。最终生成的项目清单可用来对海报活动的完整性进行自我评估:

我的州海报

________ 有六个方面的知识。

________ 每个方面有一幅相关配图。

________ 整洁美观。

________ 语法正确。

至于学生能否记住他们应了解的知识，应用另一个测试做评估。

《我的州海报》量规例示了连续的表现质量层级描述的另一个常见误区。简单的数值统计并不是区分不同层级质量标准的最佳方法；即便勉强算是，这些标准很可能与学习习惯有关（例如，计算某个学生完成作业的频次）。第7章将讨论如何以频次层级作为学习习惯及其他学习技能的指针来构建等级量表。

有时候最好通过简单的数值统计来测量一个学术学习目标（例如，统计一篇键盘输入文章中失误的个数），但大多数情况下，描述质量层级的最佳方法是实质性描述。在海报量规对配图描述的第四层级中，这一点也略有体现："所有配图皆切合主题，使主题更易被理解。"一幅使意义表达更为明确的配图，其质量应当是实质性的。但是配图的这方面特性并非为平行表格中的其他层级所通用（例如，"添加了配图却无法增进理解"，"添加了配图却意义不明"，等等）。简单数值统计有时可以取代描述。数值统计也可以用于对知识和语法标准的描述中。适用于各层级的、具有实质性表现描述的唯一标准就是整洁度。

我也见过这个海报任务被赋予各种具体主题，其针对各部分预期知识有各种不同的标准。例如，某班需要制作一份关于某支给定的美洲原住民的海报，其量规标准是该支原住民的名称、生活方式、居住地、服装、食物，以及整洁性 / 技术性 / 创造性。

我要明确重申:我并非对海报形式或知识内容有任何不满,而是针对基于任务(而非基于学习过程)量规的看法,它只是对学生要遵从指令的不同方面进行了统计和列举,生成的“等级”所评估的是顺从性,而不是学习过程。学生可以依据这些量规“获得”高分,但实际上学生只学到了如何制作整洁美观的海报。当然他们其实可以既“获得”高分,又大有所学。如果无法从量规本身去理解这一点,你便漏掉了重要信息。这就是问题所在。

总而言之,如果量规中的标准与任务相关,即以类似指令清单的形式描述表现,那么该量规就旨在评估学生的顺从性而非学习过程。含有数值统计的量规不同于描述质量的量规,它评估的是某要素的存在性而非其质量。这也意味着预期学习结果很可能并未被评估。

## 将量规与评估等级量表混淆

另一个常见问题是,教师在确定评估标准后,又会为每一条标准添加一个等级量表并称之为“量规”。这类文件资料在学校里和网络上屡见不鲜。而在另一种情况中,量规成了每一条标准的数值量表,数值越高,作品越好。而在使用皱眉脸、无表情和微笑脸等符号表情的图解量表中,等级量表也会被误认作是量规。

举例来说,一位中学社会课教师让学生通过制作演讲幻灯片的形式来总结某一学习单元的课堂笔记,每个小组都要向全班展示他们的幻灯片。这其实是一个极好的复习活动,学生需要通力合作,一起讨论各种素材,选定幻灯片内容。在准备自己的作品、呈现自己的作品并欣赏他人的作品时,学生会反复练习,也对相关的知识和概念进行了复习。不过,这一教学活动的开展需要一个量规。它有三条标准：内容，图片 / 幻灯片，以及演讲呈现；每一标准附有量表：优秀、良好、一般、差劲，可以快速将其标记为 A，B，C，D 四个等级。

总的来说，与含有描述性量表的量规不同，含有评估性量表的量规通过“评分”来评估作品质量，因而会忽视量规的主要优势。量规的主要功能在于能够帮助你将表现恰当地描述出来，而不是去马上评判它，这一点是非常重要的。这里所讨论的是关于证据属性的问题。对量规的描述是连接你实际所见（学生作品、证据）和学习判断的桥梁。如果你不能够好好利用这个主要功能，不如使用旧方法，话不多说直接在试卷上给个分数。

**反思**

你知道有哪些观点对仅总结任务要求而不描述学习证据的量规持否定意见吗？如果你的学校已开始发现并研究这类问题，其结果如何？如果从未注意过这一问题，你现在对它有何看法？

## 小 结

本章简单介绍了关于量规的一些常见误区，帮助你“擦亮”双眼，避免在独自或与学生一起编制量规时落入“陷阱”。下一章你将学习如何编制或选择可供课堂使用的有效量规。

第3章

# 量规的编制和选择

Writing or Selecting Effective Rubrics

本章可以帮助你单独或与同事、学生一起，编制出能够在课堂中促进学习的量规，也可以让你游刃有余地运用大量量规资源。如果你知道如何编制有效量规，有时便可省下寻找量规的时间，使用既有量规。或许你能在现有量规中碰巧发现合适的，可以照搬使用；或许你能找到相差不大的，可以根据自身需要修改后采用。当然如果你懂得如何编制有效量规的话，你便可不必再考虑众多无效量规。究竟是量身编制属于自己的量规，还是选取他人的量规后根据自身目的改编后采用，这取决于两个重要因素：标准和表现层级描述。

## 如何确定合适的标准

当你单独编制、选取，或与学生共同构建一个量规时，首先要问的问题是：什么样的标准能够与量规待评估任务的优秀作品相符合？学生个人、同学群体或者教师本身应该关注些什么？这些已被一一命名、描述的质量，正是使用量规最有价值的地方之一：它们成了学生努力的目标。

考虑到任务评估的对象,选取作品中最合适、最重要的部分,将其作为标准。这些标准不应该一概而论地指向任务自身的特征(如封面、名人调查、视觉效果、参考资料),而应当指向任务所预示学习结果的特征(如选题、名人历史贡献分析、合理史料论据证明)。这些标准所描述的质量,正是你和学生应该关注的学生学习的证据,能够促进学习的进一步发展。

如果可能,恰当性可以是最重要的"标准之标准"。也就是说,它是有效量规标准所必须具备的最重要性质或特征,但其并非唯一标准。想让量规标准既合适又有效,你所选择的标准应当具有可界定性和易观察性。各条具体标准间还必须具有可区分性,这样它们就可以先分别评估,然后再一起定义一组特征。这些特征以一种足够完整的方式共同描述表现,以匹配依据规范或教学目标的学习描述。最后,标准应当具有可以随质量的连续性高低变化的特征,这样你才可以编制出有意义的表现层级描述。表 3.1 总结了一套表现量规标准中所需要的特征。

除此之外,还有一些特征隐藏在"暗处",萨德勒(Sadler,1989)称之为"潜在标准"。它们或已为学生所掌握,或并非作品的主要焦点。例如,在一份中学科学实验报告中,学生会用到在小学低年级所学的造句技能。造句技能在"暗处"发挥着作用,在宏观上对写好实验报告至关重要,却似乎并不是评估报告量规中的某一项。恰当的中学实验室报告标准通常需要包括理解科学内容,理解探究过程和科学推理,最终以一般实验报告形式熟练地汇报发现的结果。有效量规不会将所有可能标准一一列出,只会将与评估目的相契合的正确标准列举出来。

根据待评估的规范和教学目标,要选择恰当的标准,首先要从你预期的学习结果出发。思考以下这个问题:

**关于标准的问题:**学生作品中的哪些特征能够证明学生掌握了这一规范(或教学目标)所要求的知识或技能?

**表 3.1 课堂量规标准的必备特征**

| 特征<br>标准是 …… | 说 明 |
|---|---|
| 合适的 | 每条标准代表学生需要学习的规范、课程目标或教学目标(或目的)的一个方面。 |
| 可界定的 | 每条标准都有学生和教师理解的、明确的且约定的意义。 |
| 易观察的 | 每条标准描述的是一个可被任何人(除了任务执行者)感知(常指能为所见或所闻)的表现质量。 |
| 相互区别的 | 每条标准定义表现试图评估学习结果的一个单独的方面。 |
| 完整的 | 所有标准一同描述表现试图评估的整个学习结果。 |
| 能够依据质量的连续性支持描述 | 可以于一定表现层级中描述每条标准。 |

对于大多数规范和教学目标来说,上面这个问题的答案是:学生在多项学习任务中表现出来的众多要素的特征。举例来说,如果学生能够"援引书面证据支持文本明确阐述的内容及源自文本推论的分析"(CCSSI ELA Standard RL.6.1),那么他们在其他各种不同的学习任务中也都能做到这一点。他们可以阅读一段文字,并且通过书面形式回答一个或一组问题;他们可以阅读一段文字,接着与同学进行讨论;他们可以阅读一段文字,然后换位思考理解其深意;他们可以阅读一段文字,之后列出归纳的所有表层和深层结论。他们可以将这一技能应用到一个更为复杂的学习任务中,例如分析两个文本的异同。此外,此类任何学习任务都可以基于不同的文章展开。

结果就是大量潜在任务由此而生。不仅如此,表现特征能够为所有潜在任务提供证据，通过这些证据，学生可以展示他们对这项技能的掌握程度。换句话说，即标准能够适用于所有的学习任务。

## 如何编制表现层级描述

层级最重要的一方面是：应当使用人们在作业中亲眼看到的内容，而不是用其总结出的质量结论来描述表现。正如我在第 2 章所提到的，我知道的一个关于量规的常见误区是在标准确立后，又额外将评估量表添加到量规中（如，优秀、良好、一般、差劲）。这样就不是量规了——它们是老式的评分量表。表现层级描述可以一般性地描述一系列任务（如“使用恰当的解决策略”），也可以针对某具体任务进行描述（如“使用方程式 $2x+5=15$”）。你必须明确自己所需要的表现层级描述究竟是一般性的还是针对具体任务的（见表 1.2）。大多数情况下，一般性描述更受青睐。

表现层级需要明确的另一方面是究竟应该有多少层级的问题。这一问题的最佳答案是概念化的：根据表现质量中有意义的区别，尽可能多地描述层级。而对于一些简单任务，可以有两个层级——可接受和重做，或已掌握和尚未掌握。

实际上，你并不想要过多难以总结的、不协调的评估结果，且你常有几种不同的方法，使用或多或少的层级，来描述表现质量的连续性。因此我建议你尽可能选择与你评分要求相符的多种层级（Brookhart，1999，2011）。在不少课堂中，对此存在着四个（如优秀、良好、合格、不合格）或五个（如 A，B，C，D，F）层级。在不背离标准以其描述的情况下，如果不能够依据实际评分限制确定层级的数目，则需要设计忠于任务及其质量标准的量规，然后找到恰当方法将其融入综述性评分中（参见第 11 章）。

一旦确定了层级的数目，你就需要对每一标准的每一层级进行表现描述。编写这些描述的一个常见方法：先预期大多数学生可以达到的表现层级（如良好）并描述它，然后由此判断其余描述——或低于（如合格、不合格）或高于（如优秀）它。另一常见方法：首先针对最高级别（如 A）进行描述，接着是低于它的层级（如 B，C，D，F）。这些方法展示了两种不同的评估法。在基于规范的评分中，应当依据高于预期的成就，对优秀层级进行描述。在传统评分中，A 就是学生努力的目标。思考以下问题。

**表现描述问题：**针对这一标准，由高到低，各质量层级的学生作品应该是什么样的？

不论是从标准的良好级别还是从其最高级别入手，你都不需要对不同的表现层级编写四至五个完全不同的描述。你应当对连续的表现质量层级进行描述。这些层级应相互区分。你必须能够描述出每一层级的不同之处，并且以学生作品为样本举例说明这些描述。表 3.2 总结了表现层级描述的必要特征。

描述学生表现必须考虑到通向成功有多种不同的方法。好的量规并不笼统地束缚或扼杀学生。查普曼和英曼（Chapman & Inman，2009）叙述了一个五年级学生的故事：

> 一个 11 岁的学生要完成一份科学作业。家长对她提了几条建议，希望帮助其提高作业质量。但学生对每条建议的回应却是："不，这并不是量规要求的。妈妈，你看下量规。我们应该按量规要求做。"（p.198）

查普曼和英曼用这个故事来论证量规束缚了创造性和元认知的发展。我并不认同这一点。具体来说，应该是糟糕的量规束缚了创造性和元认知的发展。这些量规是第 2 章描述的指令型量规。作者将它们描述为每个单元格都“包含作品中出现或未出现的具体元素”（p.198）的表格。而根据我对量规的定义，标准的表现质量层级并未有所描述。这些虽然看似是量规，实际上却是项目清单。

在对表现层级进行描述时，需要谨慎用词。表现层次描述，顾名思义，就是描述所有学生表现层级的连续性。它并不使用评估术语（优秀、良好、一般、差劲，等等）。这一连续性应表现出对内容和评分层级的现实期望。有了这一限制，描述应包括所有可能的层级，例如：即使预测没有学生作品会差到最低层级，也要将这一完全偏离目标的层级描述包含在内。描述必须与它们所对应的层级相符合。举例来说，在基于规范的量规中，水平层级的表现描述应当符合规范、目标或目的层面的预期结果。

**表 3.2　课堂量规表现层级描述的必要特征**

| 特征<br>表现层级描述（是）…… | 说　明 |
|---|---|
| 描述性的 | 依据在作业中观察到的事实描述表现。 |
| 清晰明了的 | 学生和教师都要理解描述的内容。 |
| 涵盖各种表现 | 描述表现时，要从质量连续性的一个极端走向另一个极端。 |
| 能够区分各层级 | 表现描述要在层级与层级之间突显出足够的区分度，这样才可以随机分类作业。所有作业样本应可以与各层级的表现描述相匹配。 |
| 以合适的层级作为目标表现（尚可、熟练、通过） | 将规范、课程目标或课堂目标中所要求层级的表现描述放置在量规的预期层级中。 |
| 逐层特征平行描述 | 规范下的连续性层级中，每一层级的表现描述针对的是作业相同方面的不同质量层级。 |

描述必须清晰明了，并且以逐层表现中的相同要素为依据。例如，在一个数学问题解决的量规中考虑“发现问题”这一标准，如果良好层级描述中提出了学生“按数学要求陈述问题”，那么此标准的每一层级都必须对学生陈述问题的方式进行描述。该方面表现描述很少用“不使用数学语言陈述问题”以及“不陈述问题”。

## 设计量规的两种常规方法

设计量规主要有两种方法：自上而下法和自下而上法（Nitko & Brookhart，2011）。使用这两种方法并不一定会编制出相同的量规。所选取的方法最好要与目标相契合。对于新引入的概念和技能，最好使用自上而下法——让学生通过观察运用了所提供标准和层级的作品样本来熟悉量规。这样可以增进学生对高质量作品的理解。自下而上法共建量规最适用于学生对一般学习结果已有一定程度了解的情况。

### >>>自上而下法

自上而下法是演绎性的。该方法以一个来描述待评估内容和表现的概念框架为起点。当课程和规范对预期内容和表现已有明确界定时，可使用自上而下法。以下介绍使用该方法的几个步骤。

1. **创建（或根据已有资源改编）一个成就概念框架。**它必须描述预期成就（如，“怎样才是优秀的记叙文？”），并且概括你想要教授和引导学生展现的质量（成就的维度或标准）。这一框架应对各标准的连续性表现进行描述。

2. **编制使用这些维度和表现层级的一般评分量规。**编制时，必须通过微观分析（每条标准对应一个量表）或宏观整合（所有标准同时对应一个量表）的方式组织标准，然后对每一层级的表现进行描述。一般量规可以，且必须让教师与学生共享。比方说，如果你要构建数学问题解决的量规，且其中一条标准是“数学内容性知识”，那么一般量规可以为“问题解决即证明已理解主要数学概念和原理”。让学生识别出数学概念和原理（如，“我知道这个问题是关于距离、速度和时间这三者的关系，且这三者都是主要概念”），也是学习的一部分。
3. **在教师评分方面，你可以根据具体学习目标，基于待评分表现修改一般评分量规。**举例来说，如果一般量规指出“问题解决即证明已理解主要数学概念和原理”，你可以据此将自己的评分量规改写为“问题解决即证明已理解距离、速度和时间这三者的关系”。
4. **在任一情况下（量规仍具一般性或已根据更具体的学习目标发生改变），使用量规评估几名学生的表现，并根据需要修改量规以待最终使用**（Nitko & Brookhart，2011，pp.267—268）。

## >>>自下而上法

自下而上法是归纳性的。该方法以用多个学生作品样本构建评估框架为起点。当你仍在定义内容和表现描述，或当你想要引导学生构建自己的评估手段时，可使用自下而上法。以下介绍使用该方法的几个步骤。

1. **收集十几份学生作品样本。**此类学生作品应全部与你正为之构建的量规表现相关联（如数学问题解决）。但如果可以的话，这些样本须取自几个不同的学习任务(Arter & Chappuis,2006),因为你希望量规反映的内容和表现描述能够适用于一般学习结果,而不是某个特定任务(如,并非某个具体数学问题)。

2. **独自或指导学生将作品分为三类:高、中和低。**这是因为学生需要对概念和技能有一定程度的了解。如果不加以了解,学生的评分也许会以表层技能为依据,如整洁性和格式,而不是思维品质和技能呈现。
3. **独自或引导学生对每个作品的归类原因进行具体描述。**典型的例子是,不要笼统地说问题未能正确解决,而要具体说明已完成哪些任务,并解释问题未能正确解决的原因:是解决问题时使用了无关信息,还是问题本身被小题大做了,抑或是其他某些原因。
4. **分析作品描述和提取标准或维度的异同。**举例来说,如果存在几条关于学生使用相关和不相关信息的描述,找出问题中的相关信息或许可以成为一个维度。
5. **对步骤 4 所指出的每一条标准,依据维度对其进行质量描述,有多少层级就描述多少。**你可能会将它们分成三类,或者四类、五类甚至六类,这取决于你需要用到多少类,或取决于你的评分需要多少层级,或取决于其他目的(Nitko & Brookhart,2011, p.268)。

## >>>选择标准并编写表现层级描述:一个幼稚的例子

让我们以一个幼稚的例子来说明如何编制量规。假设你执教一堂表演课,让学生表演笑。回想一些你曾经看过的电视节目或电影,想想其中的演员是如何表演的。笑是一种表现;不同于结果,它是一个过程。你要向学生展示各种演员表演笑的片段:电影《蝙蝠侠》中的小丑,或者某个圣诞电影中的圣诞老人。你要让学生自己练习笑，有时你还要帮助他们为自己的“作品”确立可用于定义、发展及最终评估的标准。事实上，和同事一起做这个练习会更加有趣。

关于笑的一套标准可以包含音量大小、持续时间和动作配合。当然还有其他可能的标准。我和一位同事及其他人进行了实验。表 3.3 展示了我们是如何编写笑量规标准的层级表现描述的。不要笑（含双关意！），但可能出乎你意料的是，这一量规中的所有描述并非同一类，而且我们已特地巧妙安排，使它们能够阐明描述要求的不同层级的推断。

该量规中的一些描述具有低推断性，即观察者并不需要对观察结果得出任何结论或做出任何推测。“嘴唇张开”就是一个低推断性描述。大多数人在观察同一个笑着的人时，可以对他的嘴唇是开是合达成共识。注意，实际上这一描述并非绝对客观：两片嘴唇究竟分开多大才可以被描述为“张开”？这确实是个幼稚的问题，但用开合的嘴唇来说明这一点比用学生作品中的某些方面来说明更为简单，尽管后者已长期为教师所坚信。描述的重点是让你观察和汇报你所看见的东西，而不是你对此的看法。

该量规中还有一些描述具有高推断性，即观察者需要对观察结果进行总结和推测。例如，“笑声很大”是相对低推断性的，而“近乎无礼”则是高推断性的。不同的人会在笑声大到近乎无礼前，得出有关笑声合适音量大小的不同结论。

若不使用需要推断的描述，事情就变得简单了，可这又过于简单了。以你能够使用的最低推断性描述为目标，同时达到评估重要品质的目的。当你操作时，你就会发现你所用到的大多数描述都会要求一定程度的推断，即使是那些看似客观的描述。例如，一个常见的针对书面报告中语法及用法标准的水平层级描述可以是这样的：“较少的语法及用法错误，且错误不会干扰意义的表达。”这里需要进行一些推断。多少才可以算得上“少”？一个多混乱的句子对作者来说才算是意义不清？

**表 3.3 笑的量规**

| 标 准 | 表现层级 | | | |
|---|---|---|---|---|
| | 第 4 级<br>狂笑 | 第 3 级<br>大笑 | 第 2 级<br>咯咯笑 | 第 1 级<br>轻笑 |
| 音量大小 | 笑声相当大，引人注意且有些恼人，或笑声相当热情，却丝毫不令人烦躁。 | 笑声很大，近乎无礼，房间里的所有人都能听见。 | 笑声有礼貌，中等音量，其周围的人可以马上听见。 | 笑声只能够被站在附近的人听见。 |
| 持续时间 | 笑声是自我持续的，一直持续到发笑者或周围朋友认为不得不停下时。 | 笑声多次重复，先伏后起，似乎发笑者回忆起什么有趣的事。 | 颤声笑、咯咯笑或咕咕笑，笑声至少有一次重复。 | 笑声简短，或尖锐，或喜悦，或安静。 |
| 动作配合 | 整个身体与之配合，例如耸肩、摇头、浑身晃动、弯腰、跌倒等。 | 脸颊颤动。除脸部以外至少还有一部分身体晃动，比如耸肩或扬头。 | 嘴唇张开，面带微笑。 | 嘴唇可能张开，可能关闭。 |

这里重要的一点是，描述需面向专业判断，留有一些推断空间比严格限制、过度僵化要好。不要尝试将所有描述都变成低推断性的（例如，“三个语法错误”），否则你将无法为做出正确判断留出余地。描述的作用是根据质量的连续性对标准做出解释说明。三个语法小错误有时就可以突显一篇文章的特征 —— 相比仅有一个语法错误却通篇都是简单短句的文

章，这类文章具有更多复杂、精妙的英语交流技巧。我希望你已经明白，称得上"复杂"和"精妙"的文章也需要进行推断。如果是这样的话，这一点就清楚了：对学生展示的已知内容和技能水平进行批判性思考是不可能不含推断的。如果你想尝试，正如我们在第2章探讨的，你最终会得到非常无用的量规。

## >>>选择标准并编写表现层级描述：一个真实的例子

这个例子将详细解释自上而下法，同时例证在设计量规时起草和修订过程的重要性。考特尼·科瓦奇（Courtney Kovatch）曾在宾夕法尼亚州的基坦宁区西山小学（West Hills Primary School in Kittanning, Pennsylvania）三年级任教。该学校对动物栖息地和生命周期进行了科学研究。作为研究的一部分，她让学生结对研究动物生命周期，随后以海报展示、口头汇报的方式呈现研究成果。

**量规初稿。**科瓦奇女士为生命周期项目创建了一个量规。她开发了成就概念框架，将想要在完成作品中见到的特征作为标准。她在布置任务的同时，将此量规交给了学生。她与学生一起，在任务开始前及任务过程中一起对这个项目进行讨论。他们在课堂上举例示范，然后结对在项目结束之前使用量规进行自我评估和修正。自我评估对学生来说是富有成效的：在学生提交完成作品之前，大部分学生能够对海报进行改良——这些改良部分也需要描述出来。

该量规是一个很好的例子，因为它有很多可取之处，但也明显有许多地方可以通过修改予以改进。表3.4展示了该量规的初稿。

我选择这个例子，是因为它反映了许多需要讨论的问题。一些读者可能一开始对它持批评态度，我们表示理解，但也请注意：你对它的判断是

**表 3.4　生命周期项目量规（初稿）**

| | 6 分 | 4 分 | 2 分 | 0 分 |
|---|---|---|---|---|
| **海报标题** | | 海报标题醒目，且拼写正确、大写正确。 | 海报有标题，但有错误或很难被理解。 | 没有标题。 |
| **生命周期阶段顺序** | | 生命周期所有阶段顺序正确、标识准确。 | 生命周期中有一个或以上阶段顺序错误。 | 不具备顺序。 |
| **生命周期阶段配图** | 每一阶段配图醒目。 | 有一或两个生命周期阶段缺少配图。 | 有两个以上生命周期阶段缺少配图。 | 未呈现配图。 |
| **生命周期阶段描述** | 每阶段至少有两处细节描述。 | 每阶段有一处细节描述。有一个或以上阶段缺失。 | 阶段不完整或缺失。每阶段有一个或根本没有可论证的细节。 | 未进行描述。 |
| **海报整体外观** | | 海报非常整洁、组织合理。标题及所有语句都拼写正确，大小写及标点无误。 | 海报相对整洁、组织较为合理。有一些标题和语句正确，大小写及标点部分无误。海报有体现学生略微努力的迹象。 | 海报混乱、多处错误、没有上色或未完成。海报没有体现学生努力的迹象。 |

来源：Used with permission from Courtuey Kovatch, 3rd grade teacher, West Hills Primary School, Kittanning, PA.

基于教师在完整设计量规后对构建思路的描述。我认为思考如何去改进这些量规是有好处的,我也很感谢科瓦奇女士让我们从她的例子中有所收获。

表 3.4 的量规是正确的 —— 也就是说,它具备标准和表现层级描述。有几条标准提出了问题:学生作品中的哪些特征能够证明学生掌握了这一规范(或教学目标)所要求的知识或技能?具体来说,如果教学目标是让学生知道动物具有生命周期,且通过调查研究帮助他们发现关于某个动物生命周期的知识和信息,那么有三条标准似乎尤具相关性:顺序(在任何周期中都是一条重要概念),配图(在交流理解中起重要作用)以及生命周期阶段描述。同样,表现层级描述首先要回答这样的问题:依据这一标准,由高到低各质量层级相对应的学生作品应该是什么样的?最后,科瓦奇女士已清楚了解标准的重要性,并通过向生命周期阶段配图和生命周期阶段描述分配更多要点,以突显其重要性高于其他标准。从她的预期学习结果来看,这些标准可能确实具有更为重要的地位。

**修订量规。**如果含有以下要点,量规会更加有效:

- 删除量规中的格式标准,把它们当作学习习惯问题处理;
- 用水平层级代替分数;
- 编写表现层级描述,注意要少简单计数,多实质陈述。

量规编制范例可参见表 3.5。

**标准。**科学的教学目标可以让学生知道动物有生命周期,且让他们能够通过调查研究发现关于某个动物生命周期的知识和信息。有三条标准与目标相符,因此修订后的量规将它们予以保留。它们可以归纳为一条(展

表 3.5　生命周期项目量规（修订后）

| | 优秀级 | 熟练级 | 基本熟练级 | 菜鸟级 |
|---|---|---|---|---|
| 生命周期阶段顺序 | | 生命周期所有阶段顺序正确、标识准确。 | 生命周期中有一个或以上阶段顺序错误。 | 对顺序没有详细说明，或顺序错误。 |
| 生命周期阶段配图 | 每阶段附有极为清晰或详细的配图，辅助说明此阶段的动物情况。 | 每阶段附有配图，辅助呈现此阶段的动物情况。 | 某些阶段配图并不能辅助呈现此阶段的动物情况。 | 配图不能辅助呈现生命周期中的动物情况。 |
| 生命周期阶段描述 | 阶段描述准确。描述内容极为完整且详细。 | 阶段描述准确。 | 使用一些不准确或不完整的信息描述阶段。 | 没有描述阶段，或阶段描述不准确。 |

示对该动物生命周期的理解)。在原量规中,有两条标准(标题和整体外观)是关于格式和英语表达方式的(大小写、标点),还有一些如评估努力和学习习惯的(整洁性、努力程度)也被加了进来。这些标准与科学成就并无关系。

英语知识本可以分别评估和评分,其结果曾用来显示学生的英语等级,但在这里它并不是教师的目的。想评估的教师可以以一个独立的标准评估英语知识,然而这一标准必须与知识相关。整洁性与努力程度应该作为学习习惯评估,且从学术成就等级角度分别汇报。

科瓦奇女士并非旨在评估英语知识。量规中包含这些标准,只是因为她认为其具有重要性。一个包括整洁性、标题、大小写、标点及其他类似项在内的检查清单,本来能够避免将非科学成就混入科学评分中,成为处理这一问题的好方法。她原本可以基于学生自我评估或同伴互评的需求制作一个检查清单,要求学生在提交作品之前与其达成统一。一些教师会感到惊讶:当你将学习习惯从评分中删除时,学生仍会提交整洁的作品。事实上,这种事经常发生。难道每张海报都能像伦勃朗的名画那样?当然不可能。但是作品并不会比有"整洁等级"规范时更加混乱,尤其作品可能得到检查清单或其他手段的帮助。到此可以算是有了很大收获,因为项目评分更准确地反映了它本要评估的学习规范或目标。

**表现层级。**教师的初衷是统计各部分分数并按百分制计总分,这是学校常用的一种方法。基于这一目标,将标题、顺序和整体外观标准记为 4 分比 6 分更合理。建议不要使用分数和百分制参照量规评分,至于其原因,第 10 章会更全面地进行讨论。这样做会减少学习中的观察和判断,而这些观察和判断正是量规的优势所在;除此之外,其结果通常并不与学生的实际表现和成就相符。修订后的量规使用水平层级描述(优秀、熟练、基本熟练、菜鸟)而非要点,随后可以将这些描述写入以上层级中。注意,其中一条标准“生命周期阶段顺序”中并没有优秀层级。了解一个生物体生命周期的阶段顺序是一个水平性特征。任何对生命周期的深入理解都可通过描述和配图表达出来。

**各层级表现描述。**从表 3.4 到表 3.5，每一层级的表现描述都有了一些文字表述方面的修正。首先，实质性判断取代了数值统计(“一个阶段”“一个细节”)。这一修正并非如你所想的会让评估变得模糊，事实上它会让评估更加准确。不同的动物有不同的生命周期，且某些阶段和细节占有重要地位。经修正的描述需要弄清学生对其所完成研究的理解的描述清晰程度，而不是他们所记住的知识内容的数量。这样反而能更准确地评估学生对动物生命周期的理解。它还可以阻止学生死记知识而不去理解其通过阅读知识内容所学到的东西。

第二，我们可以从一个高级层面上描述表现，即不再限于仅描述所要求的内容。由于量规是学生提前准备好的，他们知道如果可以的话，量规可以包括极为详细且更加复杂的描述。除了让学生列出所选动物生命周期中的各阶段、每阶段附以两项知识内容并使用某种配图，该量规初稿并未对其他活动加以解释。修正后的量规可以让教师和学生判断学生对主题研究的深度，还可以鼓励学生继续钻研下去。

你有时会使用更像任务指令而非学习证据的量规吗？如果是的话，尝试用与我们修改生命周期项目量规的相似的方法，修正你的量规。若与一位同事合作的话会更好，这样你们就可以边修正边讨论本章提出的问题。

## 小 结

本章对表现层级的标准选择和描述编写提出了几条建议，旨在帮助你编制新量规，或者改编你在网络或其他地方找到的其他量规。第4、5、6章将根据你的目的，讨论三种针对教学和学习有效性的量规。

第 4 章

# 评估基础技能的一般量规

## General Rubrics for Fundamental Skills

一般量规主要应用于基础技能,例如写作和数学问题解决,这类技能往往会随着时间的推移不断得到发展和完善。本章将从一般量规在上述两种基础情形中的运用展开论述。无论是写作还是数学问题解决,业内已经对当中所涉及的核心技能或要素有了共识。例如写作,“6+1”特质写作量规因清楚界定了良好写作的基本要素而得到广泛应用,而数学问题解决的量规虽形式多样,但内容大同小异。实际上,自从全国数学教师理事会标准(NCTM,1989)强调了策略性知识和数学沟通对数学问题解决的重要性,这两项技能已经和数学知识一并成为解决数学问题的基本标准。

本章结尾将开创性地介绍一般量规在报告写作和创造力方面的应用。作为重要的在校技能,报告写作或创造力方面的量规编制显得尤为紧缺。例如,已有的创造力量规通常关注的是艺术表现而非实质性的创造性成果。本章末将提供报告写作及创造力等量规示例,也期待读者能够提供更多的意见、建议或者案例。

# “6+1”特质写作量规编制

“6+1”特质写作量规在教师间、学校、地区和各州风靡数十载，已经成为评估学生写作的标准途径。

## >>>有效性论证

“6+1”特质写作量规的有效性得到了专家意见以及实验研究数据的验证，它颠覆了全国上下写作的教与学。

本章的重要观点之一：如果量规能够准确、清晰地描述良好的学习表现，教学、评估和学习将得到改善。而“6+1”特质写作量规可能是最为大家所熟知的该类型的量规。

我曾经访问过朱蒂·阿特（Judy Arter），一位对“6+1”特质写作量规有过深入研究的研发专家、作家和研究员，并请她对上述观点进行评论。下面是她的答复（私人交流，2011年11月21日）：

> “6+1”特质量规不仅改变了人们对于写作的固有观念，而且也影响了课堂评估。至少我是这样认为的。在1980年人们会说：“我们无法评估写作，它太个性化了。”数学问题的解决亦是如此。而现在人们却认为：“我们当然能够评估写作和数学问题的解决，但是我们无法评估批判性思维。”这说明，我们只需要努力尝试从书面上对良好的________进行定义，不断试验、不断修正、提供案例等，就能实现评估目的。我们做得越多，尤其是针对那些空泛的、难以定义的学习目标，教、学以及评估就越能得到改善和提高。

简·沙皮伊(Jan Chappuis),皮尔森评估培训机构的主管,原本认为自己在20世纪80年代早期的普吉特海湾写作培训项目上就学会了如何教授写作。她坚信这种写作过程是可传递、可教授的,但是在与学生的讨论和指导学生修改的过程中仍然问题重重(私人交流,2011年12月19日)。她说道:

> 我认为“6+1”特质量规是综合各家之所长,而不是将零散问题简单相加、整理来得出写作定义。这是我第一次集中看到我想教授的有关写作的全部内容。它是一个教学指南,同时也是学习指南,因为它回答了学生在写作学习中会遇到的问题——我想要得到哪方面的反馈? “6+1”特质量规通过更加严密而不刁钻的方式满足了上述所有需求。

不仅朱蒂·阿特、简·沙皮伊,其他许多教师、学校和地区都有类似体悟:“6+1”特质写作量规保障了写作的质量,简化了教与学,并得到了实验研究的验证。在最近一项由联邦资助的研究中(Coe, Hanita, Nishioka, & Smiley,2011),来自俄勒冈州的196位教师和超过4,000名学生参与了测验,目的是考察“6+1”特质写作模式是否被应用及其应用程度对学生的论文得分的影响。其中,学生已有的写作水平和学校特征(贫富等级、平均操练时间、教师综合水平以及在写作教学方面的经验)为控制变量,利用某统计模型采集在校学生数据。

根据最先进的数据分析结果,“6+1”特质写作模式极大地提升了学生的写作得分,预估效应值达到0.109,小而稳定。其中三项特质提升显著(组织、语气和词语选择)。另外三方面(观点、语句流畅和表达习惯)的表现虽也有所提高,但是没有明显反映在数据上。之前关于“6+1”特质写作量规曾有过两次研究，其中一次监测到成效（Arter, Spandel, Culham, &Pollard, 1994），而另外一次（Kozlow & Bellamy, 2004）没有。

## >>>标准和表现层级

6+1 特质写作量规是在 20 世纪 80 年代由西北地区教育图书馆，如今的西北教育（educationnorthwest.org）联合一线教师开发而成。主要合作内容便是确定六大特质。6（+1）特质如下：

- 观点（Ideas）
- 组织（Organization）
- 语气（Voice）
- 词语选择（Word Choice）
- 语句流畅（Sentence Fluency）
- 表达习惯（Conventions）
- ［呈现方式（Presentation）］

"+1" 指"呈现方式"，可用于学生按学习目标要求展示最终写作成果时。

起初，每项标准分为 5 个表现层级，如今逐步发展为 6 个表现层级，并用熟练层级和不熟练层级区分开。附录 A 展示了为 3—12 年级制定的 6 级量规。需注意，表现描述中的每个要素都依序用字母标出，方便对比各层级之间的平行项，学生也更容易掌握写作中特定特质的提升方法。

西北教育同时也为 K–2 年级的学生准备了一套 6 级 "6+1" 特质写作量规。这套 K–2 的版本将学生的学习作品样本作为表现层级描述的主要内容。具体见附录 B。

## >>>编写表现内容

如果你对“6+1”特质写作量规并不熟悉，建议在尝试应用该量规前先阅读量规内容，以充分掌握该类型量规在聚焦写作教学评估以及指导学生语言表达等方面的优越性。

如果你的学生对“6+1”特质写作量规不熟悉，需要结合相应层级的作品样本以及具体量规，循序渐进地向学生展示（例如，从介绍“观点”量规入手）（Arter et al.，1994）。简·沙皮伊（Jan Chappuis）指出，“6+1”特质写作量规使教师的写作教学脱离了空洞乏味，开始真正贴合学生的实际需要（私人交流，2011 年 12 月 19 日）：

> 这里给 5 分，那里给 5 分，往往教师给学生设定的评分标准并没有对写作质量做出明确规定，而六大特质完美解决了这一难题 …… 观点既可以是焦点也可以是细节。主题不清晰，教学将难以为继。同样，单纯主题句和支撑性细节的写作教学并不能达到教学目的。在主要观点教学中，主要观点的写作是主要目的，但更好的方法却是主题、论证两手抓 …… 首先为学生提供主题鲜明的文章，并教其如何选择有意义且重要的细节，同时结合短课时 …… 厘清每个特质包含的主要观点，再依次进行要点教学，并要求学生根据这些要点进行自评。如果学生的组织混乱，说明没有抓住主题。我认为六大特质不仅有利于评估和教学 …… 还有助于诊断问题和寻找着手点。

需要注意的是，每个特质都提供了一个关键问题以及 4—6 项需要明确的要素特征，以帮助教师和学生理解该特质的意义。为表达清晰，这些要素都分别用字母有序标出。要素本身并不能等同相应特质(或标准,我曾经在本书中使用过这一说法),而是“着眼点”:标准的指征或标识。

例如,“观点”特质的关键问题为“作者是否始终着重围绕话题展示新颖的信息或观点?”。量规明确了写作的六大要素:(1)主题精准;(2)支撑有力;(3)有相关细节;(4)有基于作者自身经历的创新观点;(5)解答读者疑问;(6)引起读者共鸣。每一要素都支持案例生成、靶向教学、写作练习、自评、同伴互评和教师反馈。

## >>>有效量规设计案例

我认为,“6+1”特质写作量规不仅革新了写作的教与学,更重要的是,它向人们展示了这个被称作“量规”的新型工具能够以及应该为教学做什么。

“6+1”特质写作量规对设计其他类型的量规有指导意义,因为它较好地规避了写作量规容易陷入的两大典型误区:第一,简单累加以及其他乏味的描述方法;第二,单一的参考答案式的狭窄的描述。解决上述两大问题的方法便是聚焦学习结果本身。为此“6+1”特质写作量规为每项特质和要素都提供了一个关键问题,用以描述有效学习对读者的影响。

就拿我最喜欢举的一个例子来说,“6+1”特质写作量规向教师以及其他教育者展现了如何在避免简单累加错误的情况下对语法进行评估。在“表达习惯”特质上,语法本身并不是关键,关键在于需要通过多少编辑和加工才能确保读者理解作者想要表达的观点和想法,即使是在杰出表现层级(第6级),“作者使用标准写作规范,有效地增强了可读性;几乎没有错误,仅需少许修订就可以发布”,也有关于这一关键问题的表述。理想的写作质量不是“零错误”,而是“可读性”。

另外,还有一个关于“组织”特质的经典案例。许多小学教师的段落写作教学乏善可陈。学生统一先拟订主题句,列出三大支撑细节,最后用总结句结尾。这并不是一个不合格的范式,但不应成为保障段落结构组织良好的唯一方法。某些高中写作教学的五段式论文写作格式也同样属于这种情况。再次强调,这并不是一个不好的范例,但不应成为唯一的方式。“组织”特质的关键问题是意义阅读:“组织结构是否有助于思想的传达,并使文章更易于理解?”

你正在使用“6+1”特质写作量规吗?你在校的时候曾经学习过“6+1”特质写作量规的编制吗?你有什么经验可以分享吗?

## 数学问题解决

广大数学教师似乎都意识到特定要素能有效促进数学问题的解决。尽管量规样式多样,但几乎都涵盖三个基本维度:数学的概念性和程序性知识、策略性知识以及数学交流。只在个别情况下,数学的概念性和程序性知识会作为独立标准出现。上述三个维度常见于研究用、全国联考项目用以及课堂用的量规中。

莱恩、柳、安克尔曼和斯通(Lane, Liu, Ankenmann, & Stone,1996)曾经针对数学问题解决的量规编制做过一项研究。以当时全国联考项目用量规(California State Department of Education,1989)为基础。其中各维度内容编制如下。

• 数学知识(Mathematical knowledge):使用数学术语和符号,借助精确算法和精准计算，表达对问题中数学概念和原理的理解。

- 策略性知识（Strategic knowledge:）：明确问题中的各成分及其相互关系，综合外部相关信息，解决方法系统且完整。
- 数学交流（Mathematical communication）：解答全面，阐释清晰，构图合理，过程易懂，论据充分（逻辑和支撑）。

勒妮·帕克（Parker & Breyfogle，2011）在教授三年级学生的写作和问题解决过程中，为确保学生能在宾夕法尼亚州学校评估体系（PSSA）中取得好结果，以 PSSA 公布的各项条例和问题为依据，同时结合伊利诺伊州教育部网站上发布的学生友好型量规，开发出一组问题以及关联量规。经改良后的伊利诺伊州量规更适合三年级学生。她用名词替换代词（例如，用“问题”代替“它”），确保所有的动词都是主动式，且浅显易懂，同时更改单词及语言表达，以适应小学数学的教学需要。帕克和布雷福格尔合作编制的小学数学问题解决的学生友好型量规如表 4.1 所示。该量规同样是对问题解决要素进行评估 —— 数学概念，策略规划和使用，以及书面解答 —— 莱恩和她的同事使用的就是此量规，加利福尼亚州、宾夕法尼亚州和伊利诺伊州也广泛使用此量规，实际上，许多学校、地区和州均是如此，就不一一列举了。

帕克和布雷福格尔将她们的项目称为“数学写作学习计划”。起因是帕克女士发现，尽管学生能够给出问题答案，但是却不善于做出推理解释。数学交流才是她的学生急需提升的技能，而事实也确实如此。在计划开始五周后，原先中等以及中等偏下水平的学生能够像中等偏上水平学生一样对自己的推理过程做出解释。量规本身并没有特别功效，真正起作用的是该教学行为：不断在课堂活动以及个人交流中使用量规，促进学生对学习标准的关注，并督促学生自觉审视自身与他人学习以及客观标准间的差距。

表 4.1　有关数学问题解决的评估量规

| 数学问题解决评估量规 | | | |
|---|---|---|---|
| 你的得分 | 数学知识的掌握<br>（问题回答正确吗？） | 问题解决策略的使用<br>（问题是如何解决的？） | 写一段解释性说明<br>（你能够解释自己的思考过程吗？） |
| 5 | • 我计算出了正确答案。<br>• 我的问题解决过程没有错误。 | • 我使用了题干中的所有重要信息。<br>• 我的解题步骤完整。<br>• 我通过作图的方式来帮助解题。 | • 我完成了书写并提供了解释说明。<br>• 我对每一个步骤都进行了说明。<br>• 我写出了数学术语和策略名称。<br>• 我在结尾处完整地写出了答案。 |
| 4 | • 我计算出了正确答案。<br>• 我解决了问题，但是犯了一些小错误。 | • 我使用了题干中的大部分重要信息。<br>• 我写出了大部分解题步骤。 | • 我完成了书写，并提供了一些说明。<br>• 我对大部分步骤进行了解释。 |
| 3 | • 我的答案部分正确。<br>• 我努力解题，但是犯了一些明显错误。 | • 我只使用了题干中的部分重要信息。<br>• 我写出了一部分解题步骤。 | • 我完成了一部分书写或者提供了一部分说明，二者只居其一。<br>• 我对当中一些步骤进行了解释。 |
| 2 | • 我努力解题，但是仍然理解不了。 | • 我几乎没有使用题干中的重要信息。<br>• 我几乎没有写出任何解题步骤。 | • 我书写的内容没有意义。<br>• 我得出的答案模棱两可。 |
| 1 | • 我解题态度消极。 | • 我没有写出任何解题步骤。 | • 我没有写出任何内容。 |

来源：From “Learning to write about mathematics,” by R. Parker and M. L. Breyfogle, 2011, *Teaching Children Mathematics*,18(2),online appendix. 链接http://www.nctm.org/uploadedFiles/Journals _and_Books/TCM/articles/2011–Vol18/Extras 2011–Vol18/tcm2011-09-90z1.pdf. 授权转载。

我们将在第 10 章中详细讨论该量规的使用方法,本章的主要目的是对其组成进行分析。如前文提到的那样,这是种学生友好型量规。使用第一人称,语言简洁明了,是真正从学生角度编制的量规。表 4.1 这个例子说明了学生友好型语言并不仅仅意味着词汇浅显,更是指用学生的惯常思维来描述学习。因此,学生友好型语言并不仅是语言风格问题,也是学生的思维方式问题。

这种从学生角度编制的量规,最重要的特征就是相应数学知识标准下的表现层级描述了。从成人视角编制的数学问题解决的量规通常要求学生“表现出对数学概念和原理的理解”“合理使用术语和符号”“解题步骤完整、准确”。但是你无法让学生对自己的“数学概念和原理理解水平”进行评估,只能由旁观者判断得出。在学生友好型量规中,情况发生翻转:从他人的观察内容发展为学生自身需完成的内容。所以表述变为“我认识到 / 理解了 ……”学生对数学概念和原理的理解反映在问题解决的过程表现中。

另外两项标准 —— 策略规划和使用、书面解答的描述同样发生了翻转:从成人的观察转变为学生的完成。例如,“我使用了题干中的所有重要信息 ……”是从学生角度进行的描述,而成人可以从中总结出:该学生找到了问题中的所有关键要素。相比于知识标准,这两项标准在用学生友好型语言表达学生的所思、所说、所学方面作用不甚显著,但是不可否认其确实存在。

**反思**

如果你是一名小学教师,设想一下在课堂里使用解决数学问题量规的场景。如果你教中学数学,你会如何根据实际需求对量规内容进行改编?

# 报告写作

在许多学科领域，报告写作是重要内容。通常，报告写作教学是为确保学生掌握特定事实和概念，通过材料分析或处理，促进问题解决，或者一定程度上将上述信息内化为学生受用终身的财富，而不是简单以学期论文或报告的方式重申已知、汇报结论。这意味着内容、思维以及写作都是重要标准。表 4.2 提供了相应类型的量规。

我在学期论文和书面报告的评估上也发生过类似的思维转变（Brookhart，1993）。通过与教师和学生的接触，以及与同事在前沿项目的合作交流（Arter & Chappuis，2006），我们坚定地认为，持续使用一般量规进行技能评估，会促进学生学习。

一般解析型量规将报告写作视作一项整体技能，定义了良好报告写作的标准，并将学生的关注焦点转移到标准下的学习质量描述上。这一做法不仅有利于评分，还有利于学生学习。学生在不同报告中应用该量规的过程，也是他们学习如何聚焦内容（我的报告中有主题吗？我提供了详细的、准确的、相关的材料来支撑吗？我这些材料来源靠谱吗？）、推理与论证（我的报告有逻辑性吗？论点与论据之间关系是否明确？读者能够理解推理过程吗？）以及清晰度（我的表达清晰吗？）的过程。

本书将于第 9、10 两章中讨论学生学习和监测的量规使用策略。第 11 章呈现的是评分量规使用策略，其中一些书面报告的内容标准或许会翻倍。本书到这里，读者需要认识到该类型量规标准描述的基本特性，能够在基础性技能中，如报告写作，重复使用。

表 4.2　写作项目的一般量规（可以改编以适用于具体项目）

| | 内　容 | 推理 & 论证 | 清晰度 |
| --- | --- | --- | --- |
| 4 | 论点清晰。有大量且充足的材料和佐证作为支撑。所有材料之间相互关联，且细节充分。信息、数据来源可靠，且已经注明合理参考源。 | 论证信息与论点密切相关且表述准确。论证过程有逻辑且简洁。行文流畅。引入、转折等衔接材料引人入胜。 | 语法和用法几乎没有错误，即使有也不影响阅读。语言风格和语词选择高度有效，能够促进理解，且与整个项目相符。 |
| 3 | 论点清晰。有足够的材料和佐证作为支撑。大部分材料之间相互关联。信息、数据来源可靠，且已经注明合理参考源，即使有少量错误也不影响论文观点表达。 | 论证信息与论点密切相关，但不是所有的关联都说得通。论证过程有逻辑。行文较为流畅。多数引入、转折和其他衔接材料能够引人入胜，即使有一些突兀的转折也并不影响阅读。 | 语法和用法出现了一些错误，但是不影响理解。大部分语言风格和语词选择有效，且与整个项目相符。 |
| 2 | 论点不够清晰。只提供了一些材料和佐证作为支撑。部分材料之间有关联，部分没有。缺少细节。信息、数据有误，但标注出一些合理参考源。 | 一些论证信息与论点相关，但是关联说不通。论证过程虽有结构支撑，但依然缺乏逻辑。行文不流畅。引入、转折和其他衔接材料缺少或失败。 | 语法和用法出现重大错误，且影响了理解。语言风格和语词选择过于简单、直白，显得低效，或者与整个项目匹配度不高。 |
| 1 | 论点不清。提供的材料大部分都与整体主题不相关或者不正确。缺少细节。没有标注出合理参考源。 | 论证信息与论点无关。论证过程有逻辑。行文不流畅。材料组织安排缺乏相关性。 | 语法和用法出现重大错误，使得文章意义不清。语言风格和语词选择低效并且 / 或者与整个项目匹配度不高。 |

来源：From *How to give effective feedback to your students*（pp.63—64），by S.M.Brookhart, 2008, Alexandria, VA:ASCD.Copyright 2008 by ASCD. 授权转载。

# 创造力

创造力是一项基本技能,常见于各种与学生书面、口头和图形作品相关的具体任务量规的评估标准中。“慢着!”你也许会说。“你如何评估创造力?创造力不是某种美妙又难以言喻的特质吗?不是一瞬间迸发出来的灵感吗?”事实上并非如此。有创造力的人确实有“灵光一闪”的瞬间,但是创造的过程却与“寻常”思维无异。创造力是“识记、理解和辨识等常规大脑活动”的特殊应用(Perkins,1981, p.274)。如果我们可以列出创造型学生做的几件事情,就可以进行针对性教学并对其进行评估。为此我们需要投入比以往更多的精力。

创造力有时会被曲解为看上去有趣、有感染力或者振奋人心的学生作品(Brookhart,2010)。如果真是这样,创造力不如称为视觉吸引力、视觉感染力或者其他。许多报告都喜欢标榜创造性,但实际只是充分利用了媒介工具(可能是手写体和字体颜色的变化,或者计算机剪辑艺术带来的特效),更像是视觉艺术技能而非真正的创造力。一旦创造力标准被恰如其分地定义,这些作品就可能从榜单上跌落,因为创造力与学习作品的趣味性并无关联。

我曾经接触过某个用于评估独创性的量规,其标准及描述较为贴近。其中最关键的是要求学生有独创性、创造性、创新性、充满想象、独一无二等等。而接下来的层级中,有关学生学习的表述变为“袭用他人观点”“大众水平”“没有想象力”等诸如此类。这类量规对我来说十分受用,但关键还是取决于所列举案例的原创程度。列举原创案例不是想让学生模仿内容,而是鼓励学生学习内容创新的方法。

然而,创造力的内涵远不止原创性。“6+1”特质写作量规认为,标准定义得越清晰,就越有益于学生。你也许会问:“创造型学生有哪些特征?”答案可以归结为四大类。创造型学生:

- 能够认识到广袤知识库的重要性，并持续不断地学习；
- 能够热衷并主动探寻新观点；
- 能够借助多种媒介、人脉和事件找出信息来源；
- 能够通过组织和重组对观点进行分类、合并，并对结论的有趣、新颖和有益与否进行评估；
- 能够在思路不明的情况下不断尝试解答，将失败看作学习的机会。（Brookhart，2010，pp.128—129）

如果以上这些是创造型学生的特征，那么这些特征应该时刻体现在他们的学习中。除了最后一项 —— 该项更倾向于个人特质，不会出现在任意学习案例中 —— 我们可以从其他四项中衍生出创造性学习的四项标准。

- 观点的深度和质量（Depth and quality of ideas）
- 资源的多样性（Variety of sources）
- 观点的组织、整合（Organization and combination of ideas）
- 成果的原创性（Originality of contribution）

经过整理，上述四项标准可以被编制为一种解析型量规，如表 4.3 所示。通常会用连续的 4—1 级作为表现描述层级，其中第 3 级代表熟练水平。因为“擅长创造”听上去怪怪的，所以将四级表现分别表述为“很有创造性”“有创造性”“一般 / 常规”和“抄袭”。尽管没有人想要“抄袭”，但有时在成绩为“一般 / 常规”的作品中确实存在“抄袭”的成分。出现这种情况，不要对学生提出创造性要求，同时不要使用任何量规（或其他方法）去评估。

许多主要任务已经有了与之关联的解析型量规，在这种情况下再增加

表 4.3　创造力的解析型量规

| | 很有创造性 | 有创造性 | 一般 / 常规 | 抄　袭 |
|---|---|---|---|---|
| **观点的深度和质量** | 观点中包含来自不同背景或学科的重要概念，且种类惊人。 | 观点中包含来自不同背景或学科的重要概念。 | 观点中包含来自相同或相似背景或学科的重要概念。 | 观点中并不包含重要概念。 |
| **资源的多样性** | 创造性成果建立在各类广泛资源的基础上，包括不同的文本、媒体、顾问和 / 或个人经验。 | 创造性成果建立在各种资源的基础上，包括不同的文本、媒体、顾问和 / 或个人经验。 | 创造性成果建立在有限资源和媒介的基础上。 | 创造性成果的资源出处只有一条，并且 / 或者来源并不可信或可靠。 |
| **观点的组织、整合** | 观点以一种独创且新奇的方式整合在一起，目的在于解决问题、处理事件或者推陈出新。 | 观点以一种独创的方式整合在一起，目的是解决问题、处理事件或者推陈出新。 | 观点整合方式是从他处衍生而来的（例如，参考其他作者等）。 | 观点是直接复制或简单复述，参考其他作者的成果。 |
| **成果的原创性** | 创造性成果是有趣的、新颖的和 / 或是有帮助的，通过解决先前未解的难题、事件或者意图等方式做出独特贡献。 | 创造性成果是有趣的、新颖的和 / 或有帮助的，通过实现预定目标（解决难题或处理事件）做出独特贡献。 | 创造性成果能够实现预定目标（例如，解决问题或者处理事件）。 | 创造性成果并没有实现预定目标（例如，解决问题或者处理事件）。 |

4个水平等级会显得有点多。表4.4对创造力的四大标准——观点、资源、组织/合并、原创——进行了整合,编制出一个整体型量规。需要注意的是,四大标准依然存在,只不过是被放在一起考量罢了。所以,尽管表4.4的量规看上去是一维的,但实际却与一维的创造力量表,例如"很有创造性、有创造性、没有创造性",有实质区别。你可以用表4.4的整体型量规来评分,但表4.3的解析型版本更能促进教和学。

**反思**

在教学中,你在报告写作还是创造力中使用量规?你是否有自己的经验体会?这些经验体会能否帮助你理解本章中的报告写作与创造力量规?

**表4.4 创造力的整体型量规**

| | |
|---|---|
| 很有创造性 | 观点中包含来自不同背景或学科的重要概念,且种类惊人。创造性成果建立在各类广泛资源的基础上,包括不同的文本、媒体、顾问和/或个人经验。观点以一种独创且新奇的方式整合在一起,目的在于解决问题、处理事件或者推陈出新。创造性成果是有趣的、新颖的和/或是有帮助的,通过解决先前未解决的难题、事件或者意图等方式做出独特贡献。 |
| 有创造性 | 观点中包含来自不同背景或学科的重要概念。创造性成果建立在各种资源的基础上,包括不同的文本、媒体、顾问和/或个人经验。观点以一种独创的方式整合在一起,目的是解决问题、处理事件或者推陈出新。创造性成果是有趣的、新颖的和/或有帮助的,通过实现预定目标(解决难题或处理事件)做出独特贡献。 |
| 一般/常规 | 观点中包含来自相似或相同背景或学科的重要概念。创造性成果建立在有限资源和媒介的基础上。观点整合方式是从他处衍生而来的(例如,参考其他作者等)。创造性成果能够实现预定目标(例如,解决问题或者处理事件)。 |
| 抄　袭 | 观点中并不包含重要概念。创造性成果的资源出处只有一条,并且/或者来源并不可信或可靠。观点是直接复制或简单复述,参考其他作者的成果。创造性成果并没有实现预定目标(例如,解决问题或者处理事件)。 |

## 小 结

本章主要想说明两点。一是为一般解析型量规在基础技能方面的应用提供案例。一般解析型量规与基于具体任务的指导型量规不同,后者是用来累加的,而前者是用来进行质量评估的,值得学生花费时间和精力来学习掌握的。一般解析型量规不仅能够促进学生学习,还有利于评分。

二是提供更多的典型量规案例。量规有两大本质特征:合理标准以及标准下的连续的表现质量层级描述。案例中的专业用语以及在标准制定和表现层级描述方面的处理能够为教师制定个性化量规提供参考。最重要的是,案例中的语言以及标准下的表现质量层级描述能够帮助读者更好地理解量规及其两大本质特征,这也是全书的主旨之一。

具体任务量规在某些场合也会表现出强大的优越性,具体任务量规的使用将会在下一章重点讨论。

第5章

# 具体任务量规和特定评分体系

Task-Specific Rubrics and Scoring Schemes for Special Purposes

在经常与教师和量规打交道的人眼中(Arter & Chappuis, 2006; Arter & McTighe, 2001; Chappuis, 2009),量规在促进学生学习方面的优势明显,十分值得推荐。而在所有量规中,除特殊情况,一般量规应用较为广泛。本章要集中讨论的正是那些特殊情况。需要强调的是,如果出现一般量规更加适用的教学情形,还是要优先选用一般量规。

## 具体任务量规适用情形

具体任务量规一般使用在与评分相关的教学情形中,主要用于评估学生对主体知识的回忆和理解——事实和概念的识记和理解。

具体任务量规与一般量规相比,相关操作较为简便,且前期无须过多学习。使用者只需将学生回答与标准描述进行对比,即可得出评估结论,提示更为具体,推断工作较少。可以充分利用具体任务量规的这一有利特征,将其应用于期末考试或者其他只需给出成绩,无须提供反馈、完善或开展后续学习的考试评分中，整个过程快速可靠。表 5.1 提供了一则具体任务量规案例。这是一个针对四年级数学问题的量规，内容关于某四则综合运算题，要求提供答题过程。

**表 5.1　具体任务量规与数学问题**

**问题**

**游乐园**
有 70 份欢乐等着你！
34 个供乘骑的游乐设施
外加游戏
还有表演

游乐园有游戏、乘骑设施和表演。

- 游戏、乘骑设施和表演的总数为 70。
- 其中有 34 个供乘骑的游乐设施。
- 游戏数量是表演数量的两倍。

问：游戏的数量是多少？ ____________________
表演的数量是多少？ ____________________
用数字、语句或绘图展现你的思考过程。
如果需要大量运算的话，可以使用下方的空白处。

**具体任务评分量规**

**正确**
有 24 种游戏和 12 场表演，并且配有正确解释过程。

正确回答样例：
70−34=36，所以游戏和表演的总数为 36。
又因为游戏数量是表演数量的两倍，所以游戏有 24 种，表演有 12 场。

续表

| |
|---|
| **基本正确**<br>出现部分错误，但是游戏和表演的比为 2∶1<br>或<br>回答有 12 种游戏和 24 场表演，有运算过程<br>或<br>回答有 24 种游戏和 12 场表演，没有运算过程 |
| **部分正确**<br>计算出 36，也得到了 2∶1（但不是 24∶12），并且游戏数量和表演数量的总和小于 36<br>或<br>回答有 36 种游戏和 18 场表演，有或者没有运算过程<br>或<br>回答有 72 种游戏和 36 场表演，有或者没有运算过程<br>或<br>表现出已理解问题，但没有得出正确的比例 |
| **差强人意**<br>通过减法得到 36 或者通过与 34 相加得到 70<br>或<br>得出游戏数量和表演的总和为 36<br>或<br>得出游戏和表演的比例为 2∶1，但是其他内容均不正确 |
| **不正确**<br>回答无一正确 |

来源：National Assessment of Educational Progress released items: 2011, grade 4,block M8,question #19.Available: http//nces.ed.gov/nationsreportcard/itmrlsx/

# 具体任务量规的使用

具体任务评分指南可以是拥有标准以及表现质量层级描述的真实量规。表 5.1 展示了具体任务量规在构答反应测试项中的应用，要求学生解决实际问题并提供解释。案例中的量规有五个评分层级,可以据此对不同层级的得分点进行评估。一旦评分超出对 / 错(1/0)的范围,就需要引进新的评分体系来整合得分。即使一个简单的完全正确 / 部分正确 / 不正确(2–1–0 或者 3–2–1)的三级评分体系也需要匹配相应的描述信息以确定学生的具体表现层级。

简单的论文题也经常会使用得分点。如表 5.2 所示。

**表 5.2　具体任务量规与科学论文题**

**问题**
闪电和雷同时发生,但是你却先看到闪电再听到雷声。请解释其中缘由。

**具体任务评分量规**

**完整且正确**
学生回答:虽然闪电和雷同时发生,但是光的运行速度要快于声音,所以人们会先看到闪电,再听到雷声。

**部分正确**
学生的回答中提到了速度,也使用了术语,诸如雷属于声音,闪电属于光,或者针对速度展开了一段笼统论述,但是未提及声速和光速哪一个更快。

**不满意 / 不正确**
学生的回答并不涉及光速和声速。

来源:National Assessment of Educational Progress released items: 2005, grade 4,block S13, question #10.Available: http://nces.ed.gov/nationsreportcard/itmrlsx/

表 5.1 和表 5.2 有一个共同点 —— 两者都是整体型量规(与解析型量规相对)。有关良好学习的所有标准都包含其中。例如,数学问题解决过程中的明确解题步骤、正确选择和使用数字、精准计算、交流思考过程等,在科学论文题写作过程中的找出问题实质、表达清晰等。整体型量规多适用于考试评分,其中所有单个问题的得分将会被整合成一个综合分数。解析型量规的优势在于依据标准为学生提供个性化反馈,以供学生后续学习和发展使用,但是在这个案例中两者殊途同归。

## 编制具体任务量规

无论是在形成性还是总结性评估中，有较多得分点测试题的具体任务量规编制明显与一般量规不同。其中首要且最根本的区别在于具体任务量规是基于具体任务的，而一般量规的标准描述适用于同类任务。

第二，可以完全从教师角度编制具体任务量规，因为其使用对象是教师。量规可以使用成人语言、项目符号、参考答案以及随意笔记等，只需保障教师明确各层级表现要求。需要注意的是，具体任务量规要为开放题提供足够的答案空间，避免挂一漏万。例如，数学题的解答过程途径多样，无法要求提供统一过程。再如一些论文题，学生得出结论及论证的过程中，或许会产生多个有效答案。所以具体任务量规应该为所有可能得分点预留空间，而不仅仅是从个人的认知角度来编写答案内容。

第三，具体任务量规编制与测试题的制定要同步进行。通常需要首先明确考查的知识点，并据此初步制定表现层级数。接着勾画出完整、正确的待解问题以及满分的答案标准，同时开始着手补充各层级中的答案特征及要求，直到最后“没有答案”或者“完全错误的答案”等等。通常，课堂测试中具体任务量规的最低分为 0，与用对 / 错（错误答案得分也为 0）进行评分的结果一致。

## 基于得分点的评分体系

论文题或其他有较多得分点测试题可以用来考查学生对概念的记忆和理解。其中一些多得分点测试题还可用于评估学生对知识主体的理解水平，例如，要求学生列举出科学步骤并提供解释。

呈现给学生的构答反应测试题类型应该尽量多样化（Brookhart，2010），且在这种教学情形下，基于得分点的评分体系通常要优于具体任务量规。原因至少有两点。首先，在基于得分点的评分体系中，分数可以分散于知识主体的不同事实和概念上，教师可以根据各部分重要性的不同进行综合考量。其二，基于得分点的评分体系列出了各个事实和概念，如果问题旨在对某一部分的特定信息进行考查，那么便可以使用列表实现逐个排查。表 5.3 展示了一则为小学社会学测试题设计的基于得分点的评分体系。

**表 5.3　基于得分点的评分体系与社会学测试题**

**问题**

在表格中写出政府的三大分支机构以及它们各自的主要职能。

| 政府分支机构 | 主要职能 |
|---|---|
| | |
| | |
| | |

**基于得分点的评分量规**

总分 =6

每写出一个行政机构、立法机构和司法机构分别得 1 分，最高 3 分

每写对一个相应职能得 1 分，最高 3 分，答案内容应至少包含：

- 行政机构 —— 执行法律
- 立法机构 —— 制定法律
- 司法机构 —— 解释法律

# 编制基于得分点的评分体系

编制基于得分点的评分体系（point-based scoring schemes），首先需要明确评估的主要知识点，并将它们列出来。其次，审视列表内容，决定分数分配比重——答案中各个知识点是同样重要还是有所侧重。如果基于得分的评分体系只针对测试中的一个子问题，则需要确保各子问题分数能够被整合成综合分数。如果不能，则需要不断调整问题或者要点体系。

基于得分点的评分体系可以规定学生答案中应包含的各项事实、概念、理解或其他成分。如表 5.3 中所示。

**反思**

你能够设想具体任务量规或者基于得分点的评分体系在课堂上的使用情景吗？如何在实际使用中落实本章有关具体任务量规以及基于得分点的评分体系的讨论内容？

在某些情形下，评分细则中可能会列出一系列可能答案，甚至总的条目数会高于规定分数。例如，你在完成有关内战起因的单元教学后，给出一道论述题，要求学生写出内战起因并进行简要解释。这道题考查学生对相关知识的识记和理解，而该评分体系也许会提供一长串的可能起因，学生答出其中一点就能得 1 分，最高得 4 分；同样，每一项正确解释能得 1 分，那么本题最高可得 8 分。需要提醒各位，该评分体系与有效的量规层级描述不同，后者一般不提倡把答案简单相加。但是在基于得分点的评分体系中，这一做法有利于事实和概念的考查，因为陈列事实和概念正是你需要评估的内容。

## 小 结

具体任务量规的用途是评分。讲量规的书中必定会涉及具体任务量规。也正是从完整性考虑,本章介绍了非量规的基于得分点的评分体系。具体任务量规和基于得分点的评分体系虽然不是最常用的评分方法,但依然需要掌握。

相比之下,一般量规更加灵活,且至少有促进学习和帮助评分两大用途。主要是因为一般量规可以供学生使用。一般量规有一使用特例:当学校和教师采用基于标准的评分策略展示学生学习水平时,可对所有量规进行调整。这种情况下,要求同一年级或部门的教师在教学标准中达成一致。如果达成一致,可在一定程度上简化评估流程。第 6 章将继续讨论基于标准评分下的水平量规。

第6章

# 水平量规与标准评分

## Proficiency-Based Rubrics for Standards-Based Grading

水平量规( proficiency-based rubrics )与基于标准的评分量表环环相扣，其中水平量规的表现层级可以表述为标准的达成情况。在每次评估中，无论是测试评估还是表现评估，水平量规均使用同一等级表。因此，水平量规是从标准的角度来记录学生学业水平层级的。

尽管这听上去好像是一类特殊量规——在实践中也确实如此——但在各类评估中持续使用水平量规会改变学生表现描述的参照标准。在这一层面上，水平量规的使用实际上意味着转变。

大多数测试使用的是传统的二元对 / 错法和百分数评分法，其中百分数是针对测试内容而言，而非学习标准本身。假设一个学生在测试中得了满分，根据标准评分，该同学的表现可能被评为“突出”。但是，如果该测试只对浅层标准的达成情况进行了考查，并没有设置任何创新类题型，那么该学生的实质等级应为“熟练”。这时你可以设计另外一个测试，测试学

**反思**

你所在的学校使用标准评分吗？你曾经留意过，与传统评分方法相比，标准评分有什么优势吗？如果使用标准评分，在该标准的每项评估中，你都会使用同样的水平量表吗？

生的能力范围,为学生展现拓展性思维等提供问题和任务支撑。

## 水平量规编制

水平量规的编制分为三步:首先,根据水平层级的数目和类别设计出量规基本的框架,并基于学校或地区的实际情况提供解读;其次,在框架的基础上,编制具体标准的一般量规;最后,为每项标准评估编写具体的表现层级描述。

### >>>设计基本框架

编制水平量规首先得设计出基本框架,用于描述各水平层级的期望表现,且要与基于标准的成绩单内容保持一致。一些地区的层级设置可能会与该州的水平测试完全一致,但这只是个别情况。

**明确水平层级的数目和类别。**虽然许多教育者已经掌握了这一点,但是作为水平量规的构建基础,依然有必要强调。如果你的基于标准的成绩单使用了四个层级——突出、熟练、近乎熟练和新手型,那么水平量规也应同样使用四个层级。同理,如果你的成绩单使用了另外的层级,水平量规的层级数目和类别需要相应调整,与成绩单保持一致。

**基于学校或地区实际情况提供解读。**有时成绩单上面的水平层级和支撑材料描写得很笼统,有时成绩单上虽然会提供定义,但是对于量规的使用并无多大帮助。例如,提供的内容可能只是简单重复了层级类别的名称(如,"表现突出"等)。当然,如果成绩单上给出了实际有效的基本层级描述,那便可以直接使用。

如果不存在现成有效的描述,那就需要另外提供解读。至于“学生需要实现怎样的表现要求才能称得上熟练”这类问题,需要教师团队通力协作、集思广益,避免由某一个管理人员或教师单方面论断。表6.1提供了4级水平量规的基本框架示例。

表6.1　水平量规的基本框架示例

| 等级 | 描述 |
|---|---|
| 4<br>突出 | 对概念或技能有深入理解,能表现出标准要求之外的技能水平(如,与其他概念知识联系起来,有创新思维,分析深入、细腻,或者展现出超越预期熟练程度的技能水平)。 |
| 3<br>熟练 | 对概念有完整、正确的理解,能够表现出标准要求的技能水平。 |
| 2<br>近乎熟练 | 掌握部分要领,对概念理解较为基础和全面,能够基本表现出标准要求的技能水平。 |
| 1<br>新手 | 概念理解或能力存在严重误区,不能表现出标准要求的技能水平。 |

表6.1中的描述过于宽泛,并不能应用于形成性评估或评分,它的作用只是为编制更加细致的量规提供基本框架或参考模板。

## >>>针对具体标准编制一般量规

针对你要评估的内容,将基本框架调整为一般量规。如果使用了基于标准的成绩单,成绩单的标准便是量规标准,这种标准往往比州立标准更具体一些。如果没有使用基于标准的成绩单,那么量规标准可以是州立标准或课程目标。如果你的学校或地区已经完成课程规划,那么可以使用课程规划上所列出的标准或目标。表 6.2 是在前面基本框架的基础上,根据“理解面积的概念,并将面积与乘法和加法联系起来”(CCSSI 数学 3.MD 标准)这一标准制定的一般量规。

**表 6.2　参照具体标准的量规**

| **标准**:理解面积的概念,并将面积与乘法和加法联系起来。 | |
|---|---|
| 4<br>突出 | 对面积的概念有深入理解,能够将其与乘法和加法联系起来,同时可以触类旁通、举一反三,有创新思维。 |
| 3<br>熟练 | 对面积的概念有完整、正确的理解,能够将其与乘法和加法联系起来。 |
| 2<br>近乎熟练 | 掌握部分要领(如,平面图是什么,如何测量长度),对面积概念的理解较为基础和全面。 |
| 1<br>新手 | 对面积概念的理解存在严重误区,不能表现出标准要求的技能水平。 |

需要强调的是,表 6.2 的量规表现描述依然很宽泛,不能用于任何具体案例评估。其中每个层级都存在问题——诸如,在“熟练”层级“对面积的概念有完整、正确的理解,能够将其与乘法和加法联系起来”究竟包含学生怎样的表现?这是在开展具体评估时必须明确的内容。

## >>>编写表现层级描述

为完成评估,需要提供详细的表现层级描述。假设,某三年级的数学老师在备课时,有一项标准要求学生“理解面积的概念,并将面积与乘法和加法联系起来”。评估方式有很多种，虽然不可能全用上，但一般至少会使用两种。下面提供了一些考查学生对面积概念理解的任务样例，可用于测试或表现评估：

- 用自己的语言为面积下定义或做解释。
- 找出需要使用面积解决的问题。
- 通过计算单位面积来计算总面积（平方厘米、平方米、平方英寸、平方英尺等其他单位）。
- 证明通过计算单位面积来计算总面积的方法与通过长乘宽来计算总面积的方法相同，并提供解释。
- 用公式（$A=l\times w$）求出长方形面积。
- 虚拟一个用长方形组成的空间，将大长方形分割成几个小长方形，标注出每个小长方形的面积。
- 用长方形构建一间样板房（地板、墙壁、窗户、沙发、椅子的椅面和靠背），算出每个平面长方形的面积。
- 自己设计与面积有关的数学题，并提供答案和解释。
- 设计一个与面积有关的现实问题，并提供答案和解释。

注意，上述任务列表并不是最终评估，只是为了说明标准评估可以有多种不同的实现形式。

同时，并非完成上述所有任务的都能够达到“突出”的理解水平。“突出”层级需具备如下表现：对面积的概念有深入理解，可以将其与乘法和加法联系起来，并且表现出融会贯通、创新思维或者触类旁通等拓展能力。

以“用自己的语言为面积下定义或做解释”为例，教师可以通过简短的构答反应测试项、独立测试或口头问答的方式对学生进行考查。不管哪

种情况,都可能会用到下面的水平量规:

**熟练(3)** 回答完整且正确。

**近乎熟练(2)** 回答要么遗漏了一个重要细节,要么包含了一点小错误,但接近完整、正确的答案。

**新手(1)** 回答不正确或没有作答。

因为该任务没有涉及"突出"的期望表现,所以量规中并未设置"突出(4)"层级。其中"熟练"的表现描述也与表6.2一般量规中的"熟练"层级一致。如需衡量学生是否具备"突出"表现的能力(融会贯通、创新思维或者触类旁通等拓展能力),教师还需另外借助其他评估手段。

虽然上述水平量规描述了具体评估中各层级的表现,但仍然属于一般量规,与具体任务量规相对,因为你可以提前将量规公布给学生。(同类具体任务量规会包含"面积"的解释,不适宜用于该项评估。)

再以"设计一个与面积有关的现实问题,并提供答案和解释"为例(该例中表现评估描述要更加复杂。我不想给读者某种错觉,仿佛单句话就可以构成完整的表现层级描述。虽然本章重点关注的是水平量规,其他只是作为附加内容,但我仍需提醒读者不能舍本逐末)。教师可以使用下面的水平量规:

**突出(4)** 问题的设置、答案和解释包含了对面积概念的拓展理解,能够运用数学语言进行详细分析,简洁、流畅地解决问题,并在过程中将面积与乘法和加法联系起来。

**熟练(3)** 问题的设置、答案和解释包含了对面积概念完整、

| | |
|---|---|
| | 正确的理解，并能够将其与乘法和加法联系起来。 |
| **近乎熟练（2）** | 问题的设置、答案和解释存在一些错误，对面积概念的理解不够深入和全面。不能明确地将面积与乘法和加法联系起来。 |
| **新手（1）** | 问题的设置、答案和解释存在严重错误，对面积概念缺乏理解。没有或者未能将面积与乘法和加法联系起来。 |

可以发现，与“用自己的语言为面积下定义或做解释”的量规一样，该量规的描述也较为宽泛，可以在任务下达之前公布给学生，为学生学习提供标杆，鼓励学生开展自评和互评，同时教师反馈聚焦学生的过程表现。另外，此例的水平量规与表 6.2 的一般量规是相对应的，这是因为每一个水平量规都属于一般量规，或者可理解为是一般量规的特例。

水平量规也能用于单元测试评估。有时 —— 这种情形并不多见 —— 可以根据一般量规对各个水平层级的描述，确定分数比例。说其“并不多见”是因为测试内容只能针对某项具体标准，且所有问题都必须同时包含 4 级表现，包括“突出”层级。但在实际情形中，大多数测试都包含多项标准，或者无法对学生的“突出”表现进行评估。

假设教师设计了一张单元测试卷，上面包含一组有关面积及其与乘法和加法关系的测试题，当中含有一道考查学生独特见解和类推能力的开放题型（能否达到考查目的取决于学生的作答方式）。这时教师可以采用下面的水平量规进行评估：

| | |
|---|---|
| **突出（4）** | 至少 90% 以上的问题回答正确，开放题的回答体现了学生对面积、乘法、加法和其他概念之间关系的 |

| | |
|---|---|
| | 理解。 |
| **熟练(3)** | 至少 80% 以上的问题回答正确,开放题的回答体现了学生对面积、乘法和加法之间关系的理解。 |
| **近乎熟练(2)** | 至少 60% 以上的问题回答正确,开放题的回答体现了学生对面积、乘法和加法之间关系的部分理解。 |
| **新手(1)** | 40% 以上的问题回答错误,开放题的回答有明显的漏洞,或者没有作答。 |

需要提醒大家的是,水平量规里各层级中的问题回答比例并不是相对整个测试题而言的。使用水平量规需明确测试题中的"百分比基数",应将与其他标准有关的问题排除在该标准的评估基数之外。

## 水平量规与形成性评估

水平量规在形成性评估中的使用方法和其他量规一样。第 9、10 章将介绍多种使用策略,例如,如何使用量规与学生共享学习目标和标准,或如何使用量规来帮助学生监控和管理自己的学习。

由于同一水平量规能够贯穿任务始终,因此如果与某些策略搭配使用,往往能够事半功倍。其中与两项策略搭配使用效果最为明显:跟踪学习策略和设立目标策略。

## >>>学生自我跟踪学习

本章前一部分讲水平量规编制的时候曾经提到，首先应设计一个基本框架。其实，每次评估任务以及水平量规的使用过程就是将学生学习成果与该框架内容相匹配的过程。其间，学生能够参照标准，通过有效记录每次评估中的水平层级，实现自我跟踪学习。跟踪学习结果将以图表的形式呈现，描述该学生在标准达成过程中的水平进展。表 6.3 提供了一个学生自我跟踪学习的样例，目的是记录学生在标准评估（CCSS ELA RL 2.5 “描述故事的整体结构，包括引入和结尾的方式”）方面的完成情况。

需要注意的是，该标准使用的是学生友好型语言，由学生自己记录跟踪信息并制作表格。学生记录自身学习的过程，也是发展学生自我反思、自我解答、自我信任以及自我管理能力的过程。

## >>>设立学习目标

在评估中心的课堂文化中，学习目标经常与分数混淆，这是导致学生学习目标难以设立的一个主要原因。例如，学生会说：“我下次考试想考 A。”要想目标设立更能促进学生学习，需将学习目标表述为计划学习的内容以及任务完成的具体表现。例如，“我想要学会用自己的话复述故事，让弟弟喜欢上听我讲故事。”

水平量规关注学生表现，用其来设立学习目标可以更好地描述学习。例如，除了“我想要得 4 分”之外，学习目标可设为：“我想对课本上提供的水循环信息进行深度挖掘，并找出其与镇上日常天气变化的关联。”

表 6.3　利用水平量规跟踪学生学习过程

| 4 | | | | | |
|---|---|---|---|---|---|
| 3 | | | | | |
| 2 | | | | | |
| 1 | | | | | |
| 故事 | 《乖巧的猫》 | 《月亮的心声》 | 《100 个苹果》 | 《道尔顿与狗》 | 《大错误》 |
| 我能区分故事的开头、展开和结尾，并说出各部分之间的联系。 | | | | | |

## 水平量规与标准评分

如果一项报告的所有评估结果均基于同一等级表,各层级之间也有可比性,那么整合工作便会容易很多。首先查看在具体评估标准下学生不同时期的发展水平曲线。如果曲线呈现学习型特征——起点较低,稳步提升,逐渐持平——那么持平阶段所有得分的中位数就是学生在该标准的最终等级分数。这个分数代表了学生现阶段对该标准的理解和应用水平。表 6.4 中安德鲁(Andrew)和巴雷(Bailey)两名学生的学习正是这种情况。

如果曲线忽上忽下,不具备学习型特征,那么就取整个曲线的中位数。这个分数同样也代表了学生现阶段对该标准的理解和应用水平。但如果出现这种情况,说明学生在该学习阶段并未取得明显进步。如表 6.4 中学生考特(Cort)的情况。

根据成绩单的内容,你可能需要对各项标准的评估结果进行整合,并将得到的水平评估数据转换成某学科或者报告要求的综合等级。这一过程将在第 11 章中详细论述。本章要求掌握的是,水平量规的特殊性质与标准有关——基于统一的水平描述框架——能够将最终的判断整合为一系列可比较的等级表现。

### 小　结

水平量规与每项标准的水平层级描述相匹配,统一的基本框架不仅可用于学生设立学习目标和跟踪学习进程,同时也简化了教师对学生学习进展和成果评估的过程。

**表 6.4　具体标准下的学生最终等级分数示例**

| 学生 | 标准 1 | | | | | | 标准 2 | | | | | | 依据标准与评估需要添加 | 总计 | | |
|---|---|---|---|---|---|---|---|---|---|---|---|---|---|---|---|---|
| | 9/9 | 9/14 | 9/22 | 9/27 | 10/3 | 10/6 | 9/8 | 9/14 | 9/21 | 9/26 | 10/3 | 10/7 | | 标准 1 | 标准 2 | 标准 3 |
| 安德鲁 | 2 | 1 | 2 | 3 | 3 | 3 | | | | | | | | 3 | | |
| 巴雷 | 2 | 2 | 4 | 3 | 4 | 4 | | | | | | | | 4 | | |
| 考特 | 3 | 1 | 3 | 2 | 3 | 1 | | | | | | | | 2 | | |
| …… | | | | | | | | | | | | | | | | |

安德鲁：安德鲁在标准 1 中的表现呈现出学习型曲线，最初为练习阶段，后逐步稳定。最初的成绩为“近乎熟练”，随后稳定在 3 级“熟练”水平。持平阶段的中位数为 3（3，3 和 3 的中位数为 3）。

巴　雷：巴雷在标准 1 中的表现呈现出学习型曲线。最初为“近乎熟练”水平，后大致在 4 级水平，即“突出”层级，出现持平。持平阶段的中位数为 4（4，3，4 和 4 的中位数为 4）。

考　特：考特的表现并未表现为学习型曲线，而是在练习阶段后相对持平。他在标准 1 的各阶段表现并没有明显的进步或退步。教师需要找寻这种现象背后的原因。在找出原因之前，考特在该标准的最终得分应该是他所有表现成绩的中位数，即 2（3，1，3，2，3，1 的中位数为 2）。

第7章

# 非量规评估工具之检查表和等级量表

## Checklists and Rating Scales: Not Rubrics, but in the Family

本章内容的安排有两大意图。第一，将量规与检查表、等级量表区分开，明确量规的合理使用时机。第二，完善其他非量规评估工具的使用情形。

有时，人们会错误地将一切列表类评估工具都认作量规，这其中就包括检查表和等级量表。它们与量规最大的区别在于缺少关于表现质量的描述。我们已经掌握量规的两大属性：学生学习标准以及表现层级描述。检查表和等级量表只占其一，因此不属于量规范畴。

检查表和等级量表的标准即它们所列出的检查项或衡量项。当只需明确学生是否已经掌握目标内容（检查表）或者完成的频率和程度（等级量表），无须参考表现质量描述时，检查表和等级量表都是不错的选择工具。

**反思**

你会在教学中使用检查表或等级量表吗？你使用的主要意图是什么？你是如何在学生中运用的？

# 检查表

检查表(checklist)包含一组特定的要素,每个要素都留有一块地方,用于记录表现是否缺失的情况。根据上述定义,检查表将每个任务都分解为不同的要素(即列表项),只要完成列表内容,即完成任务。大多数检查表的使用都易于量规,因为它只需明确各项完成与否,不涉及较复杂的推理论断。

以下两种情形尤其适合使用检查表。第一,当学习结果只关乎完成与否,而不涉及表现质量时。特别是针对一些简单的学习目标,诸如在句法教学中,许多与我合作过的教师都会使用的学生自检表,如表 7.1 所示,其中句子结尾有无句号只存在“有”或者“没有”两种结果。检查表的编制也较为简易,供幼儿园孩子使用的检查表可能仅包含首字母大写、结尾句号和观点完整性等要素。稍微复杂一点的、供较年长学生使用的检查表可能还会包含拼写、语法和句法等要素。

**表 7.1 句式技能检查表**

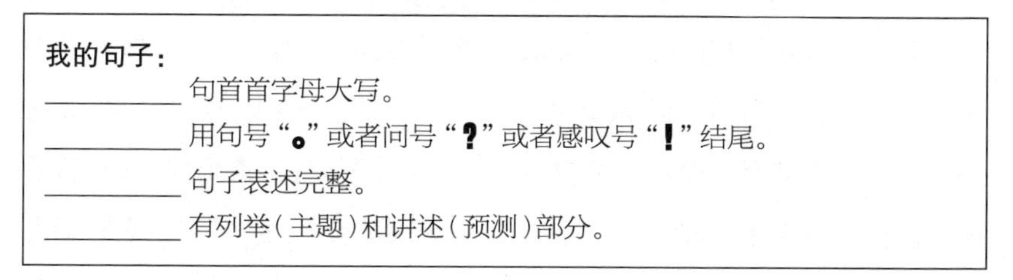

**我的句子:**

__________ 句首首字母大写。
__________ 用句号“。”或者问号“?”或者感叹号“!”结尾。
__________ 句子表述完整。
__________ 有列举(主题)和讲述(预测)部分。

第二,为确保学生恪守任务指南,并按要求完成项目,或者遵循报告书写格式时。如果在任务开始前使用,该检查表又被称为“预检表”,由威廉姆(Wiliam, 2011)命名,并提供了一项使用建议:预检表会决定任务开始的时机,进而会对该任务的完成程度产生影响。

需要注意的是,检查表的第二种使用情形并不是对项目进行质量评估。其目的只在于确保学生遵照指示,掌握表内所列要素,而这些要素就是"待检项"。量规的基础是良好学习的标准,而这些标准常常区别于上述任务要素。例如,一份报告的检查表可能要求"有概述""有主旨句或者研究主题""至少有三种数据来源""包含一张图或表"等等,其主要依据是报告写作指南。而用于质量评估的量规所依据的标准是从报告主题的理解和分析、推理和论据是否清晰、连贯等方面制定的。

## 等级量表

等级量表(rating scale)包含一组特定要素,每个要素都留有一块地方,用于记录其完成程度。可以将等级量表看作二维的检查表,因为它和检查表一样,都将任务分解为不同的要素。区别在于,除了要判断要素"有 / 无"或者"显示 / 缺失",等级量表还使用了频率或者质量等级概念,故得其名。

频率等级量表(frequency ratings),毫无疑问,是用来记录某些要素出现的频率的,程度从经常(或者频繁)到从不(或者很少),或其他类似描述。如果你想实现与检查表类似的用途 —— 评估各要素出现与否,但要求结论不表述为是或否时,可以使用频率等级量表。频率等级量表对于表现技能(例如,在公开演讲中,频繁、偶尔、很少或没有眼神交流)的评估尤为有效。另外,频率等级量表还可用于行为、学习习惯以及其他学习技能评估。例如,多数行为表现可描述为经常出现、定时出现、有时出现或者从不出现。

表 7.2 列出了多种不同的频率术语。在进行量表编制时,和检查表一样,需要首先列出待评估的要素,然后选择最贴切的频率表达。频率等级量表可以以单选题、表格或者打分的形式呈现。

**表 7.2　频率等级量表样例**

| 级　别 | 常规使用 |
| --- | --- |
| 经常、频繁、有时、从不<br>连续、时常、有时、很少<br>经常、通常、有时、从不<br>几乎总是、通常、时常、有时、几乎不<br>非常频繁、频繁、有时、很少、非常少、从不<br>*[ 一般情况下，四级程度副词已经足够表达频率。但如上所示，可以据实际情况酌情添加。]* | 记录学生的行为表现或者学习技能的出现频率（如，独立学习、遵循规定、完成作业等）<br>记录学生特定学习感受或态度的出现频率（如，我对自己的学习非常有信心） |
| 全部、多数、一些、没有<br>*[ 有时会和名词一起使用 —— 如，全部的问题、多数问题、一些问题、没有任何问题；全部句子、多数句子、一些句子、没有任何句子等。]* | 记录问题或练习中某些特征出现的频率（如，标记答案、全面展示成果等）<br>记录某种成果达到预期要求的频率（如，学生可能需要得出一个整体等级，而非逐句检查：我的句子 …… 首字母大写、标点使用正确等等） |

某高中化学教师在压强和温度教学中曾使用表 7.3 的等级量表检查学生掌握情况。量表左侧列出了本次教学中需要用到的六项技能，以及每项技能在任务中的使用程度（用于全部问题、多数问题、一些问题或者没有任何问题）。很明显，案例中的学生需要对出现的问题再次检查，特别是在查尔斯定律方程的应用上。

表 7.3 用于学生自评的等级量表

| 技能 | 在本次任务中，我成功地将技能应用于 …… | | | |
|---|---|---|---|---|
| | 全部问题 | 多数问题 | 一些问题 | 没有任何问题 |
| 结合信息写出正确的方程式 | | √ | | |
| 确定问题中的未知信息 | √ | | | |
| 将摄氏度转换为开式温标 | | √ | | |
| 写出查尔斯定律方程 | | | √ | |
| 解出方程中的未知量 | √ | | | |
| 写对所有数字后的单位 | √ | | | |

质量等级量表（quality ratings）使用的则是质量评定等级，例如：优秀、良好、一般、差。问题是，质量等级量表经常被错认为量规，且用在量规适用的场合中。而质量等级量表绝大多数时候于学习无益。说其“无益”，至少有三方面原因。

第一，质量等级量表重视等级结果，忽略过程描述，致使质量等级的意义沦为诸如“它很优秀，因为我认为它优秀”等等。表现层级不能等同于质量描述。我曾经在学校里以及网上见过一些量规样例，其实它们更应该属于质量等级量表的范畴，因为当中所依据的标准是基于任务而非基于学习。

第二，因为质量等级量表是评估性的，而不是描述性的，因此当中并不包含能够促进学生继续学习的有利信息。相反，它阻碍了学生的后续学习。例如，成绩“良好”的学生想要提高到“优秀”，却无法从质量等级量表中得到下一步的学习建议。虽然大多数时候，“优—良—中—差”的等级设置是导致质量等级量表误用的祸首，但质量等级量表中一些看似基于标准的用语也会带来误解。等级量表一般只包含一组等级，如“出色、熟练、近乎熟练、新手”，没有描述。有时也会出现一些“类描述”，但实际并非真正的描述。如“出色地解决问题”“熟练地解决问题”等，都只是等级性句式，并没有提供任何促进学生学习的描述性信息。

第三，由于操作简单，质量等级量表会滋生任务性标准。例如在书面报告中，任务性标准可能包含概述、文本、注释和文献等要素，你只需对任务的各部分进行质量评定，即提供等级。事实上，这类质量等级量表与只提供等级而无评语的评估无异。正是在此背景下，量规应运而生，并从20世纪80年代开始风靡。如果说表现评估弥补了轻能力测试带来的弊端，那么量规便使测试结果不再局限于等级。在我看来，将量规改编为质量等级量表使用并不可取，应尽量优先使用量规进行评估。

**反思**

你能够对使用的检查表或者评定量表进行修改，使其成为量规吗？你有发现任何量规改编为检查表之后反而效果更明显吗（例如，陈述任务要求）？你是如何改编的？

## 小 结

为什么在这本介绍量规的书中涉及检查表和等级量表的介绍呢？在系统学习过本章后，至少可以整理出三大理由。第一，将量规与检查表、等级量表区分开，明确量规的合理使用时机。等级量表经常被当作量规使用，而本章的内容可以帮助使用者明确它们各自适用的情形，避免等级量表被误用，也可以帮助使用者学习改进等级量表。第二，检查表和频率等级量表有各自特定的评估用途，也可以与量规结合使用。其中检查表在确保学生恪守任务指南、完成项目规定、遵循格式要求等方面效果明显；频率等级量表则在特定表现技能评估以及行为、学习习惯和其他学习技能评估上有优势。最后，从定义和内容上对质量等级量表与量规进行区分，明确各自适用情形，避免误用。因为一旦在量规适用场合发生概念或使用混乱，便会如特洛伊木马一般，导致旧式评分结论滋生。

第 8 章

# 更多量规案例

More Examples

本章提供了众多不同领域、不同年级的量规使用案例：小学阅读课、初中科学课、高中技术教育课。即使这些不是你目前任教的学科或年级，我仍鼓励读者通读所有案例。

## 阅读课

表 8.1 中的案例比较典型。在一些我合作过的地区，他们的 Title I 阅读课教师都曾使用过类似版本。卡特莉娜・基梅尔（Katrina Kimmell）任职于宾夕法尼亚州的基坦宁区西山小学（West Hills Primary School in Kittanning, Pennsylvania），这里所提供的量规版本以及学生故事都取自她的 Title I 阅读课堂。根据课程规定，该地区的一年级学生需要就自身的阅读流利水平进行至少为期一周的监测，监测内容是每分钟的正确阅读字数。但在资深教师看来，阅读水平不应仅仅体现在字数上。

表 8.1 阅读流利水平量规

阅读流利水平量规

姓名：丹尼尔（Daniel） 日期：____________

| 感情 | 1<br>没有感情流露 | 2<br>流露出<br>一丝感情 | 3<br>有些许感情流露 | ④<br>感情充沛 |
|---|---|---|---|---|
| 断句 | 1<br>没有断句 | 2<br>有少数断句 | 3<br>有一些断句 | ④<br>断句非常<br>自然 |
| 语速 | 1<br>过慢或过快 | 2<br>稍稍过慢或<br>稍稍过快 | 3<br>接近完美，但是<br>仍需练习 | ④<br>完全正确 |

来源：Katrina D.Kimmell, West Hills Primary School, Kittanning, PA. 授权转载。

简单的程度词组，如“没有、少许、一些、许多”等，原本应用在量规中毫无意义。然而，基梅尔女士的学生们在理解的基础上，赋予了这些词和概念更深层次的含义（“一些”指多少？）。结合教师指导，量规中的分数可以同时用于说明学习目标（阅读流利水平）以及标准（感情、断句和语速）的达成情况。在使用该量规进行自我评估以前，基梅尔女士首先通过量规、实例及演示向学生阐释学习目标。具体做法如下。

首先，介绍学习背景。学生将先进行阅读练习，几轮过后，用设备录下自己的阅读情况。最后参照阅读流利水平量规对自己的表现进行评估。

其次，解释学习目标以及成功标准。同样也是借助具体量规，配合实例及演示，介绍量规的三大组成部分，强调每一部分对学生成为优秀的朗读者都至关重要。例如，第一项标准是感情。她问道：“你们知道它的意思吗？感情表达恰当的阅读应该是什么样的？”并预留时间供课堂讨论。

第二项标准是断句。她解释道,不能像这样逐字地念(同时示范“机械阅读”),而是应以词组为单位,就跟我们日常交流一般。接着便开展课堂讨论,演示“机械阅读”和“交流式阅读”的区别。

第三项标准是语速。并不是速度越快,听懂的人越少,阅读水平就越高。但过慢又会使整个阅读显得无趣,无法引人注意。接着基梅尔女士详细介绍了具体标准下的最高水平表现,并要求学生先进行阅读,再进行自我录音,最后进行水平评估。

案例中的丹尼尔同学,在阅读之前对自己每分钟的正确阅读字数进行了测试,结果为 51 字 / 分钟。基梅尔女士希望他能够往每分钟 53 字努力,而学生自己则提出了更高要求 —— 挑战 61 字 / 分钟。基梅尔女士说:“有更高的目标是好事,但只要成绩超过 53 字 / 分钟就算成功。”接下来,基梅尔女士和丹尼尔一起商定策略,例如指读法和发音法。当丹尼尔最终测试结果显示为 61 字 / 分钟时,丹尼尔感叹道:“我说过我可以做到的!”

表 8.1 中的自我评估反映了学生对学习目标的充分理解,而且这种理解也渗透在他所提出的问题以及对成功的反应中。借助量规,他将学习目标与具体标准相结合,从多角度诠释了成功,而不仅仅着眼于每分钟的字数。

## 科学实验报告

在初三科学协同课上,科学教师与特教老师相互协作,教授学生科学探究技能,即设计可验证的问题和猜想,通过整合和分析数据寻找答案,以及常规的实验报告写作方法。本案例中,某教师准备了一份关于《如何撰

**表 8.2　科学实验报告量规**

| | 4 | 3 | 2 | 1 |
|---|---|---|---|---|
| 引入——陈述研究主题和猜想 | 在研究和/或合理推理的基础上提出可验证性猜想。该问题或猜想反映在报告标题中。 | 在研究和/或合理推理的基础上提出可验证性猜想。该问题或猜想可能并未反映在报告标题中。 | 提出猜想，但是猜想的产生基础并不明确或者猜想并不是可验证的。该问题或猜想可能并未反映在报告标题中。 | 并没有提出猜想。概述可能仅仅是标题或者任务的复述，也可能没有概述或者概述不清。 |
| 过程——设计实验 | 过程包含一套非常具体的实验描述或者详细的操作步骤。必须是全部实验步骤。 | 过程包含一套非常具体的实验描述或者详细的步骤列表。但是，并未包含所有实验步骤。 | 实验描述或者步骤列表非常模糊，且实验设计不易于推广。 | 实验描述不清，且因此实验无法推广。 |
| 结果——收集数据 | 正确记录和组织实验结果和数据，方便读者观察趋势。包括所有适当的标签。 | 实验结果清晰，并且被标注出。但是趋势并不明显。 | 实验结果不清晰且未标注。趋势一点都不明显。 | 可能有实验结果，但是缺乏条理或者记录不全，很难读懂。 |
| 分析数据 | 准确分析数据和观察结果。标注出变化趋势。为建立结论提供足够的数据参考。 | 分析略缺乏深度。数据足够，但是不够丰富，无法使结论更有说服力。 | 分析缺乏深度。数据不足，导致趋势不明显，或者并没有结合数据展开分析。 | 分析不准确，且数据不充分。 |
| 阐释结论并做出总结 | 结合数据，得出结论。讨论其在现实生活中的应用。 | 结合数据，得出有关猜想的结论。一些逻辑或者现实应用并不明朗。 | 没有基于数据得出有关猜想的结论。一些逻辑或现实应用可能不够明朗。 | 没有得出有关猜想的任何结论。缺乏逻辑和现实应用性。 |

来源：授权转载。

写实验报告》的手册,并结合网上的资源进行改编,得到表 8.2 的量规。在学生正式开始报告写作前,教师会安排他们先学习一些实验报告样例,并对其中涉及的科学内容(如本案例中的过滤水)和重要素材进行详解。报告完成后,学生需使用量规进行自评和修改,最后上交。

量规使用过后,由特教老师展开教学反思。他认为大多数学生对高质量的学习都有较深理解,或者对学习目标有清晰规划。这些学生能够将自身学习与量规标准和表现描述相匹配,并根据对比结果得出学习改进信息。在此过程中,学生均表现出了较强的个体责任感。

当中有一组学生没能达成所有标准要求,但在此过程中,量规依旧对学生起到了聚焦学习内容(从数据中得出结论并提供解释)的作用。从这一层面看,即使学生未能达成学习目标,量规也能为其指明下个阶段的努力方向。

## 焊接

我对技术教育缺乏教学背景和日常经验。安德鲁·罗威德(Andrew Rohwedder)是南达科他州理查顿镇理查顿-泰勒高中(Richardton-Taylor High School in Richardton, North Dakota)的技术教师。表 8.3 是罗威德先生在课上使用的关于焊接的量规。

该量规结构良好,描述清晰,可以提前公布给学生,以提供学习支撑并促进形成性评估,特别可用于学生自评和评分。

因为我对技术教育一无所知,所以该量规对我来说也是全新的领域。如果你恰巧也是新人,首先可以学习其结构与内容的编排处理。第一次接

表 8.3　焊接量规

| | 突出<br>4 分 | 熟练<br>3 分 | 合格<br>2 分 | 不合格<br>1 分 | 总分 |
|---|---|---|---|---|---|
| **去渣** 100%<br>去除所有熔渣，保证焊道光洁 | 焊道光洁，进行过削凿和丝刷。 | 焊道较为光洁。焊道边际有些许残渣。 | 焊道需要大规模的去渣和丝刷。 | 质量低劣。 | |
| **焊缝宽度和高度** 100%<br>统一所有焊缝的宽度和厚度 | 焊道走线的宽度统一。表面光滑。 | 焊道的宽度和长度一致。焊接有一些小的瑕疵。 | 焊接厚度不统一。过厚。 | 焊接不连贯，不统一。有盲区。 | |
| **外观** 100%<br>光滑，纹理统一；焊道走线速度适中 | 焊道走线表现出稳定的速度和一致性。 | 焊接速度稳定，有一些小瑕疵。 | 焊接速度不稳定。纹理粗糙。 | 焊接速度过快或过慢。焊接不充分。有杂质。 | |
| **焊道表面** 100%<br>凸面，无空隙和瑕疵，焊道整齐划一 | 有完美的弧形表面。高低正好。焊道覆盖住焊接口的大块区域。 | 焊道圆滑，基本与焊缝长度统一。有一些地方参差不齐。 | 焊道许多地方参差不齐。整个焊接不整齐。 | 焊接没有融入单一焊道内。 | |
| **焊道边际** 100%<br>熔合良好，无交叠或凹割 | 边角平滑，焊接流畅。尽量减少底切。焊接痕迹不露于表面。 | 边角基本平滑。出现底切和悬浮物。焊接强度足够。 | 悬浮物和底切非常明显。焊接缺乏强度和流畅度。 | 金属被烧穿。焊接与金属脱离。 | |

续表

| | 突出<br>4分 | 熟练<br>3分 | 合格<br>2分 | 不合格<br>1分 | 总分 |
|---|---|---|---|---|---|
| **首尾实际尺寸 100%**<br>填补坑面 | 每次焊接走线完整，没有逐渐变细或减少。 | 焊接最后走线发生变化，出现坑面。 | 在焊道尾部出现非常明显的坑面。 | 最终金属被烧穿。 | |
| **金属板四周 100%**<br>焊接表面无痕 | 尽量减少残痕。 | 有残痕，但是差强人意。 | 有大量残渣。 | 残渣使得焊接不完整。 | |
| **穿透 100%**<br>完全没有烧穿现象 | 焊接直达金属深处，强度和熔合度较好。 | 焊接入口很深，但是没能到达结合部底面。 | 焊接深处不平整，整个走线不统一。 | 焊接浮在金属顶部。没有体现强度。 | |

来源：Andrew Rohwedder, Technology Educator, Richardton-Taylor High School, Richardton, ND. 授权转载。

触该量规时,我就仿佛能够预想到良好焊接成品的模样。

起初,我也存有疑虑:量规中有两项标准好像都与外观有关(焊缝宽度和高度及外观)。我并不是怀疑量规设计的科学性,只是觉得罗威德先生在上述两项标准的内容描述上有重叠。但在咨询过后,我反而对焊接有了更加全面的认识。

他是这样解释的:"焊接的宽度受多种因素影响,最终取决于焊接工的操作,且通常需和金属厚度以及接缝准备相匹配。焊接的高度受焊接工填料热度和数量的影响。也就是说,焊接宽度和高度受母体材料、接缝准备以及接缝类型的影响。而焊接外观的要求是整齐、统一、无残渣。"

量规与学科的这种交叉融合,正是本书想要达到的主要目的之一,也是需要集中精力攻克的难题。优秀的量规能够为学生阐明学习目标(即使学生从未接触过该内容,就像我对焊接一窍不通),是学习以及形成性评估的基础。最重要的是,优秀的量规可以帮助学生自主学习。

## 小 结

**反思**

经过第一部分的学习之后,对于量规你有哪些新的认识?与第一则"反思"的内容相比,有哪些差别?

本书提供了大量案例,相信对于读者来说案例是多多益善!第2章提供了一则量规反例《我的州海报》。第3章提供了一则关于笑的量规和一个有关生命周期项目的量规,过程中包含了量规修改和完善的方法。第4章介绍了基础技能的一般量规样例:"6+1"特质写作量规、数学问题解决的学生友好型量规、报告写作量规以及创造力量规。具体任务量规样例安排在第 5 章，第 6 章则集中展示了理解面积概念及其与乘法和加法关系的常规水平量规和特定水平量规。第 7 章中的检查表和等级量表样例，不仅说明了它们各自的适用情形，还借此与量规进行了区分。本章又新增三个量规案例，分别为小学阅读课、初中科学课和高中技术教育课。

理想的情况是，读者能够通过这些样例，推断、总结出优秀量规应具备的特征，并将自己的结论列在本书给出的特征旁边，且两者能够匹配。这样就代表读者对有效量规有比较全面和正确的理解了。

第一部分介绍了各种量规（第 7 章中还补充了其他相关评估工具——检查表和等级量表）及其编制方法，而本章是对前面部分内容的总结。第二部分将主要介绍量规的使用，期望读者在探索不同量规的使用方法和注意事项时，能更深层次地理解合理标准和表现描述等特质的意义。这些特质就是量规的精华所在，将在后面的内容中反复出现。

第二部分

# 量规的使用

How to Use RUBRICS

第 9 章

# 量规与形成性评估：与学生分享学习目标

## Rubrics and Formative Assessment: Sharing Learning Targets with Students

学习目标用学生能够理解的语言对本课想要达到的目标予以说明，对学生计划要学习的内容进行描述（Moss & Brookhart，2012）。学习目标包括学生可以用之判断目标完成度的标准，因此量规（或部分量规，这由该课的焦点决定）成为与学生分享学习目标的良好媒介。

如果学生在学习前已经知道要学什么，他们会取得更好的学习效果——这一点相当重要！由于教学目标能极好地帮助教师制订教学计划，大多数教师会将备课重心集中在教学目标上。然而，教学目标编写是从教师的角度进行的（"学生要能够……"）。在这里，学生不仅变成了第三人称，而且还要依据教师的主观判断来确定将实现的学习效果。但其实，学习目标必须提示学生需要主动感知的学习内容。对一些简单目标，教师只要将教学目标改为第一人称后就可以轻而易举地使其变成学习目标（"我知道，当我可以……时，我已经学习到了这一点"）。然而在更多情况下，我们还需要编写和论证学习目标中学生将感知的描述证据语言，便于学生了解。但退一步说，如果你的绝大多数学生都已在学习前通晓了你的教学计划，你或许也没有上这堂课的必要了。

让学生在学习前了解其将要学习的内容的最有效的方法，就是确保你的教学活动和形成性评估（且随后的总结性评估）都是“理解表现”（performances of understanding）。理解表现把学习目标蕴含于你对学生的确切要求中。举个简单而具体的例子，如果你要求学生能够使用新学的科学词汇解释细胞的减数分裂，你就需要设计活动，让学生在解释中寻找合适的术语，这就是理解表现。严格意义上来说，寻找词语也许并不是这一学习目标的理解表现，因为学生真正做的其实是词汇分辨。

通过对学生提出要求，理解表现向学生“展示（show）”了其应该学习的内容。理解表现是在学生既有学习经验基础上，进一步“促进（develop）”学习。最后，理解表现通过提供教师和学生都能够检查的任务，以此“证明（give evidence）”学生的学习。并非所有理解表现都使用量规，但那些使用量规的理解表现，都具备这三种功能（展示、促进以及证明）。

**反思**

你是如何将学习目标与学生分享的？你曾在这种交流中使用过量规吗？除了将量规提供给学生，你还做了哪些尝试？在做这些尝试的过程中你有哪些收获？

# 如何使用量规分享学习目标和成功标准

当学习目标对思维、写作、分析、展示复杂技能或形成复杂成果提出要求时，我们可以使用量规将这些学习目标和成功标准与学生分享，因为检查表或其他简单工具无法充分体现你试图让学生实现的学习结果。这一节将提出几条策略，帮助你使用量规在学生头脑中建立起所要学习的内容和标准的观念，使学生及时了解自己的学习进程。你可以从这些策略中选择一二使用，也可以自行设计合适的方法策略。

## >>>要求学生提出关于量规的明确问题

如果量规建构合理，且学生已对表现标准和质量层级的编码有所了解，则量规的水平层级会给出学习的基本情况。想要弄清学生对包括量规等一系列事物的想法，就要询问他们所困惑的问题——这是一条显而易见却经常被忽视的策略（Chappuis & Stiggins，2002；Moss & Brookhart，2009）。以下是该策略的实施步骤。

- 给学生几份量规。要求他们结对，依次讨论量规的每条标准的内容和意义。
- 按照讨论的内容，让他们记录下问题。这些问题是学生在结对讨论中无法自行解决的。
- 试着与其他同伴一起解决问题。将两到三对学生合并为四到六人的小组。在新的小组中再次讨论问题，写下此时仍无法解决的问题。
- 将最终记录的问题收集上来，并在所有学生中进行大组讨论。有时这些问题会阐明各种术语或概念，或各种任务属性；有时这些问题会体现量规尚不明确，需进一步修订量规。

## >>>要求学生用自己的语言陈述量规

用自己的语言描述事物是一种经典的理解活动。阅读教师可以让初级读者复述故事。各年级教师对学生下达指令，并检查以确定其理解程度，然后问“你接下来会做什么？”当朋友和亲戚发现你无法复述他们所说的话时，他们自然会马上发火，“你刚才没在听吗？”让学生用自己的语言陈述量规并不仅仅是要找到学生友好型语言。它是一个理解活动。让学生用自己的语言陈述量规不仅可以帮助他们理解量规，也可以帮助你检验他们的理解效果。

下面是让学生用自己的语言陈述量规的几种方法。你可以从中选择一种能够与学生需求和你的教学内容相匹配的方法，也可以参照其中一种，设计出属于自己的方法。

**量规“转换器”。**让学生结对，并将你的量规发给他们。如果可以的话，同时将各层级的作品样本一并发给他们。给他们一份与你的量规相匹配的空白模板(看似一张空表)。或者，你可以使用一张如图 9.1 的工作表。你需要填好顶行，让学生填写下面的几行。你的每一条标准都会需要这样一张图表。

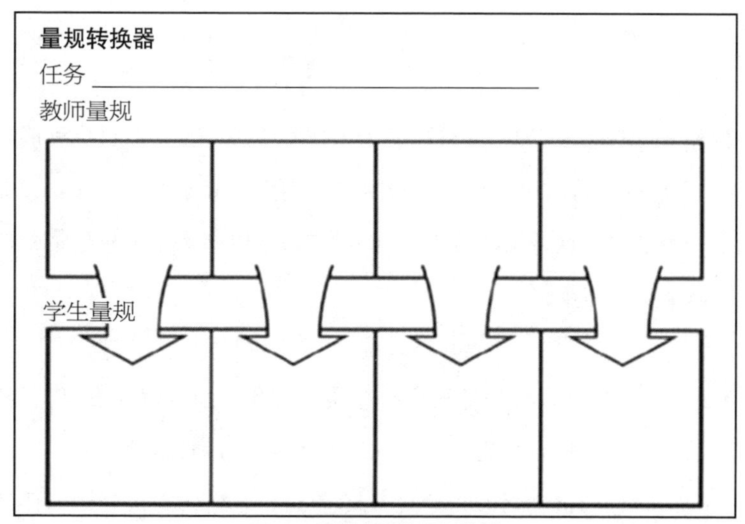


图 9.1 量规“转换器”模板

来源：From *Formative Assessment Strategies for Every Classroom*, 2nd ed. ( p.90 ), by Susan M. Brookhart, 2010, Alexandria, VA: ASCD. Copyright 2010 by ASCD. 授权转载。

让学生依次讨论量规的每条标准，同时将这些问题或其他与量规相适应的类似问题纳入考虑范围。

- 一共有多少条标准？这一问题可以确保学生在量规中找到标准。
- 各条标准的名称是什么？这些名称有什么含义？这一问题可以在学生填写前将学生的注意力集中在标准特性或质量的含义上。
- 随着整个任务的推进，对照所有标准，逐条依次阅读任务范围的描述。讨论所描述的是哪些元素，以及它们是如何逐层变化的。学生需要在填写前，于表现层级描述范围内完成这一点。
- 让学生用自己的话对各层级进行描述，参照教师量规，随层级变化改变相应元素。学生必须与同伴一起斟酌用词，直到最终意见一致。
- 如果已提供作品样本，那么新"转换"的量规是否仍能在预期层级匹配作品？这是一种对改述的检查手段，它能使学生确保其"转换"仍保留了原始意义。

**准备—维持—结对—分享。**为了使学生理解其学习目标和成功标准，并用自己的语言讨论量规，摩斯和布鲁克哈特（Moss & Brookhart，2012）提出了一条策略。这条策略首先要理解量规，并以一条单一表现将其贯穿使用。以下是具体步骤。

- 在布置任务前就要将量规发给学生。任务必须是理解表现，也就是说，它必须清晰地呈现出你试图让学生学习的知识和技能。
- 学生结对，轮流向对方解释量规的含义。直到学生认为他们已经知道如何在即将开始的任务中应用量规了，这一步骤才可以停止。
- 学生开始完成任务。此时学生已不必再维持原先的结对，但必须按照任务设计的要求去实行——可以单独完成,也可以小组进行,等等。

- 任务完成一半,学生返回到与他们在开始任务前讨论量规的结对伙伴身边,说明他们在遇到之前讨论的标准和表现层级时,是如何着手处理的。学生可以围绕任务和各自的说明互相提问。
- 学生完成任务。学生重新按之前个人或小组,按任务设计要求继续完成任务。
- 在完成任务后,学生再次返回与他们在开始任务前讨论量规的结对伙伴身边,解释他们在遇到之前讨论的标准和理想表现层级时,具体是如何处理的。当双方对对方的解释都表示满意时,学生可以将完成的任务上交。他们最终的同伴评估结果也必须一同上交。

**学生共同构建量规。**让学生参与构建量规,可以帮助他们在整体上获得学习归属感,在具体任务和评估过程中获得成就感,同时帮助他们学到更多东西。因为优秀任务的完成标准是围绕“是什么”和“能做什么”展开的宽泛概念。

共建量规有不同的程序(Andrade, Du, & Mycek,2010;Arter & Chappuis,2006;Nitko & Brookhart,2011)。让学生共同构建量规与第3章所述的自下而上建立一般量规的方法相似,两者都引导学生参与其中。但两者的学生导向和教师指引的比重并不相同。对于一些常见的技能,学生的参与能够为确立标准和表现层级描述提供所有或者大部分思路,此时,教师可以在一旁作为引导者。对于一些学生不怎么熟悉的技能,学生可以通过与教师对话进行思想碰撞,而教师则通过提出深入、尖锐的问题,对学生各种意见予以点拨和指引。

因此,以下学生共建量规的步骤,是对不同作者描述的主要做法加以概括、总结而成。这些步骤需要根据学生的学科知识和技能，根据他们对内容和量规的熟悉程度进行调整、修正。在某些情况下，教师可以补充一些信息或建议，而在某些情况下，学生可以独立完成绝大部分的过程。根据这些方面的背景条件，我已经亲身体验过多种不同的情况。

- 找出量规所要评估的学科知识和技能。对于共同构建量规来说，学生必须对知识和技能已有一定程度的理解——例如，写一份需要去图书馆或上网搜索信息的学期论文。
- 给学生看一些作品样本。让学生回顾整个任务过程。如果是一些小短文——例如一篇简短的文章——这个作品就可以被大声读出来。学生也可以结对或在小组内研究样本。
- 学生集思广益，针对作品的优势和不足提出看法。所提出的看法越具体越好。例如，“报告不仅回答了我对关于恒星的所有问题，还提出了一个我从未考虑过的问题”要比“它是一份很好的报告”更加具体，或者，“我对恒星燃烧方式的解释仍不理解”要比“报告表述不清”更为具体。
- 学生依据量规所描述的属性，将这些优势和不足分类。教师在这里也应对学生做出指导，提示他们这些属性并非任务自身的属性（如封面、介绍、正文、参考），而是将要发生的学习的重要方面（如对内容的理解、对内容的交流、解释的清晰度和完整性等等）。
- 继续深入讨论并斟酌属性分类用词，直到对量规标准达成一致意见。属性可以被不断分组、解组，直至其表达出的标准在适当层级具有普遍性。对待评估学习无足轻重的属性，可以将它们从标准列表中删除。例如，书写可能是列表中的一项属性，但是经过讨论，它被认定与量规所强调的内容和技能不具相关性。

- 针对每一条标准，学生对需要描述哪些元素以及这些元素如何随着表现层级逐层变化进行讨论。在讨论过程中随时做好记录，作为各层级表现描述的初稿。起草表现层级描述的一个有效方法是先确定每一层级的最理想作品，然后向下一层一层进行描述。类似于图9.2“量规机器”的工具也许能帮助你完成这一点。每一条标准都需要这样一个独立的模板。
- 学生完成量规初稿后，将其应用于原始作品样本中。也可以使用其他作品样本。学生会陆续发现存在的问题，并根据发现的问题修正量规。

## >>>要求学生将作品样本与量规相匹配

将作品样本与量规相匹配，这是通过归纳诱导，使学生理解标准意义概念的一种方法。确定属性和区分范例都是典型的概念发展策略。

**作品分类。**教师向学生展示某个任务的量规，该量规必须呈现学生将要学习的知识和技能。同时，教师还要向学生展示从极差到极好的各种作品的样本。学生根据量规的标准和表现层级描述对作品进行分类。当学生见过相同标准的几个不同样本后，他们开始概括意义，他们开始将标准中重要的、关键的属性提炼出来。举例来说，在“理解行星轨道”这一任务的标准中，学生也许会观察到一个决定性属性——行星位于太阳系模型中恰当的轨道上。他们会开始从众多属性中区分出决定性属性和不相关属性。例如，“行星模型是什么材料做的”就是一个不相关属性，因为一些模型可能是塑形泥做的，另一些可能是混凝纸做的。学生必须对他们关注的属性进行讨论，同时多想想为什么，以此来巩固关于标准和表现层级的概念。

**“明确”与“模糊”。**在依据各种表现层级描述对作品分类之后，你可以进一步要求学生找出哪些作品在凭借某一给定标准的特定层级去施行评估或认定时手到擒来（标记为“明确”），哪些作品在凭借某一给定标准的特定层级去施行评估或认定时困难重重（标记为“模糊”）。然后再次结对、小组或大组讨论标记这些名称的理由。“明确”和“模糊”这两个名称以及相关讨论将阐明标准的意义以及学生是怎样理解它们的。

**荧光笔或彩色铅笔。**学生使用荧光笔或者彩色铅笔将量规和作品样本中的质量描述标记出来。比如说，如果量规显示“确定作者的论点并用文中的细节证明这一结论”，学生就需要在量规及有作者论点和论证细节的论文里，用荧光笔标出相应陈述。学生可以通过在任务中定位和复习这些具体作品，了解标准和表现层级描述的意义。这一活动也可以用来对学生自己的论文进行形成性评估（见第 10 章）。若学生在开始自己的任务前就已参考过该任务的作品样本，则他们可以结对、以小组形式甚至在全班谈论他们标记的内容及标记理由。谈论中所反映的意见可以作为学生即将学习的知识和技能的序言。

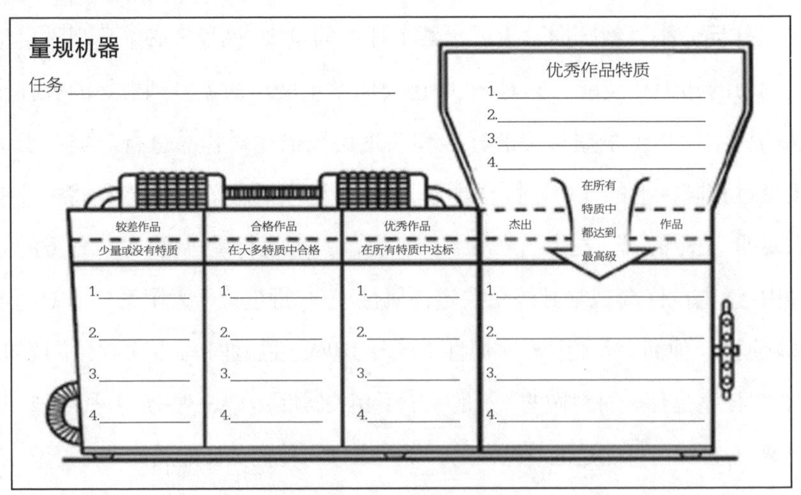


图 9.2　学生共建量规模板

来源：From *Formative Assessment Strategies for Every Classroom*, 2nd ed.（p.86）,by Susan M. Brookhart, 2010,Alexandria,VA: ASCD.Copyright 2010 by ASCD. 授权转载。

## >>>每次只探讨并教授一条标准

如果要向学生介绍新学习目标的标准，你必须每次只呈现一条标准，循序渐进（Arter & Chappuis，2006；Moss & Brookhart，2009）。暂时搁置其他标准，将全部既有策略加以调整后应用于某一条标准，或者从下面的策略中择一使用。

**策略性目标设置。**在学生开始活动或任务前呈现量规。每次只呈现一条标准，若其中含有新概念，可以通过一节微课辅助呈现。要求学生设计一个独立的策略，以实现在此标准上的成功表现。让他们在各自手中的量规册页上记录下自己的策略。当活动或任务开始时，让学生使用标注有其个人策略的量规，以此来监控和调节他们的任务完成过程。

**关注术语。**量规通常会有让学生感到生疏的术语。在小组内，让学生朗读一条标准的所有表现层级描述，并从该条标准的各层级描述中找出所有不熟悉的词。随后要求学生对这些术语进行定义、描述并举例说明。在完成小组对新术语的感知后，不同组之间可以就发现的新术语进行交换，对对方的新术语再进行定义、描述和举例。交替进行后，将所有学生发现的新术语集中汇总，进行重新分配，每组分得一个或几个术语。他们可以以班级展示或小组展示的形式，将分得的这些术语的定义、描述和例子与大家分享。

## 小 结

本章探讨了使用量规与学生分享学习目标和成功标准的几种方法。这不仅是形成性评估首要的、根本的策略，同时也是有效教学的关键策略。尽管量规并不是向学生传达其将要学习的内容的唯一途径，但它可以极为巧妙地实现这一目的。尤其是当目标错综复杂且并不仅限于回忆知识时，我们可以使用量规这一极佳工具来分享学习目标，因为量规可以实现多套相关标准的整合。一个复杂的理解或技能，本质上要求多种特质协同才能实现。

第 10 章

# 量规与形成性评估：反馈与学生自我评估

# Rubrics and Formative Assessment: Feedback and Student Self-Assessment

形成性评估是一种主动的和有意的学习过程。它旨在提高学生的学习成就感，将教师和学生联合起来，连续、系统地收集学习证据（Moss & Brookhart, 2009, p.6）。形成性评估与形成学习有关——也就是说，这种评估所提供的信息，可以促进学生进步。如果没有进一步的学习发生，那么不论目的是什么，这种评估都不是形成性的。

第 9 章介绍了如何使用量规来帮助学生厘清学习目标——这是形成性评估的基本策略。本章将陈述如何使用量规实现反馈、促进进步，如何利用量规促进学生的自我评估和目标设定，以及如何借助量规帮助学生提出关于任务的有效问题。

**反思**

你如何在你的班级里使用量规进行反馈和学生自我评估?

# 如何使用量规实现教师和同伴反馈

由于量规将学习标准一一列举了出来,并沿着连续的层级描述了每一层级的表现,因此为反馈提供了良好的框架。此处将展示几种策略,以量规为基础,帮助你完成教师和同伴反馈。你可以从中选其一,或者自行设计类似的策略,运用到自己的任务中。

## >>>基于量规反馈表中的教师反馈

如果你正在使用编制良好的、一般的解析型量规(大多数情况下我都会推荐使用这种量规)与学生进行分享和反馈,你可以将量规影印,在纸上留出评论的空间。找出一条最匹配学生当前作品情况的标准,圈出其表现层级,以此来实现反馈。这之后你就不必再写一般性描述了,因为它们已经被你圈了出来。你需要利用节省下的时间,针对学生作品,写一些更为具体的东西。

比如说,如果班级学生在写作时想要传达某些想法,教师可以在"6+1"特质写作量规(参见附录A)中,使用理想量规,对写作进行反馈。如果教师圈出"论证主题力度不足或逻辑不清,重点偏离",则这条具体的评论意见可以让学生了解他人对什么感到迷惑,或者为什么自己的最终论据并未能够成功论证主题。这种将量规中的一般反馈与写作中的具体反馈相结合的方式,足以让众多学生不仅能够了解接下来的学习目标,还能在复习中促进学习。对少数学生来说,如果还需要进行集中讨论——如教师想要询问学生某些细节描写的目的,或者检查容易让人感到困惑的故事细节的理解——可以在一般量规的圈出部分和具体的书面反馈中找到不少初步信息。

## >>>黄色和蓝色混合成绿色

与第 9 章旨在帮助学生理解其需要达到的学习目标和标准的“荧光笔或彩色铅笔”的方法类似,你也可以使用荧光笔,完成对学生作品的教师反馈和学生的自我评估。要求学生像之前一样,使用荧光笔标出量规中表现描述里的一条叙述,并在他们自己的作品中(不同于之前要在作品样本中)标出相应陈述。随后,他们评估自己对标出的证据是否满意,想要改变、增补还是修正它。

双色荧光笔( Chappuis,2009 )可以用在同一作品中,对教师评估和学生自我评估两种视角进行比较。学生使用黄色荧光笔,教师使用蓝色荧光笔。当两个主体对量规中所描述表现的证据达成一致时,其所标出的颜色将是绿色。

然而这并不仅仅是一个填色练习。通过对比,我们才能获得重要信息。如果标记的区域大部分是绿色,则说明学生和教师都正以一种相同的方法理解任务,并且还在某种程度上对它的质量有共识。如果标记的区域大部分是黄色,则说明学生标出了教师没有标出的证据。这也许是因为学生尚未弄清标准的意义,或是学生高估了作品。如果标记的区域大部分是蓝色,则说明教师标出了学生没有标出的证据。这也许是因为学生尚未弄清标准的意义,或是学生低估了作品。

每当教师和学生对与标准相关的学生作品的价值出现分歧时,这些分歧就可以为教师书面反馈、学生质疑或集中讨论奠定良好的基础。反馈、质疑或讨论不应只局限于对标记内容的理解或对当前作品的描述。接下来是什么?下面应该对学生改进作品的措施做出反馈。

## >>>同伴反馈

同伴之间可以利用量规相互反馈。量规为同伴讨论提供框架结构,使学生能够更容易地将注意力集中在标准而非个人对作品的反应上。量规还可以促进对话交流。由于学生使用量规语言讨论彼此的作品,因此他们在交换信息的同时,也加深了自己对于标准意义的概念的理解。

同伴反馈最简单的形式包括学生结对合作。教师必须根据具体任务,将兴趣、能力或合作相匹配的学生结对。

同伴反馈在教室里能够产生最佳的效果,因为在这里,建设性批评被认作是学习的重要部分。在一个以强调计分或评估性文化(“Whad-ja-get?”)为特点的班级中,同伴反馈或许无法取得预期效果,学生可能会在批评同伴时产生犹豫,继而掩盖其“错误”。只有当你确定你的学生珍惜学习机会时,才可尝试使用同伴反馈。若你认真尝试使用同伴反馈后效果不佳,那么你就要准备好问问自己:在取得高分和改进作品中,你的学生会觉得两者哪个更为重要?

假设你的班级更注重学习的过程,你仍然需要指导学生进行同伴反馈。要确保学生已经准确理解即将使用的、并能够应用于匿名作品样本的量规。确保学生已理解他们将使用量规进行同伴反馈任务。设定一些重要的基本法则,并让学生对其意义进行解释,甚至进行角色扮演。使用法则来阐明你的计分层级、学生以及学科内容。以下是一些常见的同伴反馈基本法则的例子。

**当你进行同伴反馈时:**

1. 仔细阅读或观察同伴的作品。讨论作品,而非完成作品的人。

2. 使用量规中的术语来解释和描述你在作品中的发现。

3. 提出自己的建议和意见,并解释为什么认为这些建议能够有助于作品的改进。
4. 听取同伴的评论和问题。

**当你收到同伴反馈时:**

1. 听取同伴的评论。在做出回应前,花时间好好思考一番。
2. 将同伴的意见与量规对比,确定其中哪些意见你会在修订中采纳。
3. 感谢同伴的反馈。

最后,反复的实践练习会让同伴反馈变得越来越好。当使用同伴反馈时,观察结对学生,并针对他们做出的反馈,对该反馈进行同之前一样的反馈。看看学生使用量规的方法、他们描述作品的清晰程度、他们的哪些建议可以改进作品、他们起到了多大作用等,并提出意见。同伴交换反馈结果可以(且应该)或多或少让学生从中学到一些技能。

## 如何使用量规实现学生的自我评估和目标设定

鉴于学生努力想要达成的优秀作品质量被编码于量规中,因此量规是学生监控自己任务的合理参考点。本节列举了几个例子,解释如何实现这一点。除此之外,我也鼓励你去设计适合你所教学生、内容和计分层级的其他量规。

## >>>重新考虑关键目标的设定

在第 9 章中我们讨论了为实现每一标准的成功表现，学生使用量规设计独立策略，并记录下这些策略。学生开始活动或任务后，教师要让他们使用标注了其个人策略的量规，以此对他们的任务完成过程进行监控和调节。针对这一点，学生可以使用任意方法。下面列出了一些方法。

**快速检查。**每当学生做任务或项目时，在结束前留出一分钟，对学生设计的每一条策略进行检查：

- 我今天做了这个吗？
- 它对我有帮助吗？

比如，可以假设一下，在使用“6+1”特质写作量规的写作班里有一个学生，该学生在改进其“选词”标准下表现（和学习）的策略是“我可以随时在辞典中检查用词是否如我所希望的那样有力、精准或吸引人”，因此他可以问自己：“我今天使用辞典了吗？它帮我找到更有力、更精准或更吸引人的词汇了吗？”学生可以自己制作图表，将这些检查记录下来，或是在量规册页上他们所记录的策略旁做个记号。

**常规日记。**在一些班级中，常规日记已成为学生反思的一部分。在这里，学生将自己的策略和反思记录下来，并把这些策略作为自己定期反思的一部分。这里有一些类似的问题——我是否确实使用了原计划的策略？它是否帮助我改进了作品？但除此之外还应该反思：策略具体在哪一点起了（或没起）作用？原因是什么？教师不一定需要一一查看这些反思。这样做的目的在于训练学生的元认知，即让他们思考关于思考的具体运作。

**小组思考，不予分享。**在任务讨论的最后阶段，留出五分钟让学生进行小组合作。每位小组成员要描述计划使用的策略、策略是否被采用、有助到何种程度以及设计该策略的原因。这项活动对任务讨论、策略使用和学习感知进行了回顾。与传统的“小组思考，集体分享”活动类似，学生与同伴协作，完成反思活动。而与传统不同的是，学生并不需要将他们的合作对话结果与全班分享。如有需要，教师可以在反思过程中和一个或多个小组交流，以帮助他们找到重点。

## >>>图示进程

图示进程包括两个方面。为完成个人任务，学生会对任务的进程详加考虑，在学习中，这种对进程的考虑会更为广泛。要求学生至少能图示后者（即学习进程），某些情况下还需图示前者，对学生来说是非常有益的。

**使用量规，图示个人任务进程。**将量规呈现给学生。在任务中期，要求他们对照各条标准，在量规上标记出其作品所处层级。在各条标准的适当层级上，学生可以画出一条垂直线，或一个大圆点。可个人或结对完成。学生的任务或活动完成后，在上交作品前，要求他们使用量规自己评估完成的作品。然后让他们在量规上，从第一个点或线画出指向第二个点或线的箭头，就其进程做出图示。

**图示长期学习进程。**贯穿任务始终的一般量规，可以用来图示一个报告期、一个学期甚至一个学年的学习进程。根据不同目的，学生可以使用一般量规评估基础技能（见第4章），或使用基于标准的评分量规（见第6章）来把握对基础技能和标准的学习进展。指导学生构建一个水平轴是时间、垂直轴是表现层级的柱状图。

表10.1给出了一个例子：一个学生依据表4.1数学问题解决量规中的“写一段解释性说明”这一标准，对她的学习进程进行了跟踪调查。

### 表 10.1 用量规图示任务进程的示例

**写一段解释性说明**

| | | | | | | |
|---|---|---|---|---|---|---|
| 5<br>•我完成了书写并提供了解释说明。<br>•我对每一个步骤都进行了说明。<br>•我写出了数学术语和策略名称。<br>•我在结尾处完整地写出了答案。 | | | | | | |
| 4<br>•我完成了书写,并提供了一些说明。<br>•我对大部分步骤进行了解释。 | | | | | | |
| 3<br>•我完成了一部分书写或者提供了一部分说明,二者只居其一。<br>•我对当中一些步骤进行了解释。 | | | | | | |
| 2<br>•我书写的内容没有意义。<br>•我得出的答案模棱两可。 | | | | | | |
| 1<br>•我没有写出任何内容。 | | | | | | |
| | 10 月<br>7 日<br>题集 1 | 10 月<br>14 日<br>题集 2 | 10 月<br>21 日<br>题集 3 | 10 月<br>28 日<br>题集 4 | 11 月<br>4 日<br>题集 5 | 11 月<br>11 日<br>题集 6 |

注:该例所使用的数学问题解决量规见表 4.1。

量规中的其他标准还需要另附专门图表进行追踪调查。列出每一条表现后,该学生根据她运用数学知识能力的发展程度,将柱状图中的柱条涂出不同的高度。

现在我想做几点非常重要的说明,以防止学生误解这种图表是着重评分而非着重学习过程的。首先,它是为形成性评估服务的,反映的是学生的实践与学习。或许除了最后回答“我现在处于哪个层级”的条目,该图表没有对最终成果做任何说明。这些条目不会被平均化或归结成某一个分数。这一图表是该学生在学习时把握其学习进程的一种方式,她最终会从数学知识的总结性评估中获得评分。

其次,评估或学习机会本身是不“平等”的,因此通过平均化来总结图表是不准确的。垂直轴上始终显示“写一段解释性说明(Writing an Explanation)”这一标准中各层级的表现描述。这些表现描述展现了学生的学习“步骤”。评估只是学生实践、学习、展示所知的机会。图表的目的在于让学生看到学习曲线。上升的柱条表示进步,水平或下降的柱条说明没有进步。图表展示能够帮助学生关注表现层级,并为下一步制订计划。

## 如何使用量规帮助学生提出关于任务的有效问题

量规本质上有两方面特征,即贯穿各质量层级的标准和表现描述。标准列出了学生在理解质量时所需要的中心思想,而描述中的要素则利用“论据”或形成总体质量的各部分任务充实标准。以上两方面特征都能够帮助学生提出关于任务的有效问题。

## >>>使用量规简单自省

对于有经验的、自律的学生，仅需要在任务中专门留出自省时间，让他们针对既定要点，使用量规完成就可以了。不同任务的切入点也各不相同。比如在写作中，切入点会在初稿及之后的修订中呈现出来。比如在多步骤活动中，切入点会在设计各活动环节时出现。又比如在学期论文中，它们会在各阶段的尝试中出现（论文草稿或问题研究，图书馆/网络研究，大纲，论文章节写作，等等）。高效、自律的学生会使用量规自行确认自己的作品是否包含其旨在达到的质量水平。而大部分，或者多数学生在使用量规提出关于其任务的有效问题时，更多还是需要支架和结构的帮助。

## >>>使用量规支架式自省

表 4.1 的数学问题解决量规与结构性量规相似。它保证了提出有效问题的高度直观性。要求学生首先关注最高范畴（或者他们旨在达到的范畴），然后将要素转化为问题：

- 我是否得出了正确答案？
- 我是否准确无误地解决了难题？
- 我是否用到了难题中所提供的所有重要信息？［等等］

由于量规中的语言并不会像上面这样直观，使学生容易理解，因此你可以从以下二者中择一而为。你可以和学生一起构建学生易懂的量规。注意在构建时必须使用第一人称叙述，以保证可以将其转换为“我是否”的问题。这样的训练实质上对学生准确理解其学习目标大有益处（见第 9 章）。

此外,你还可以让学生利用量规中的标准和描述要素来提出自己的问题。例如,在表 4.2 中,写作项目“内容”标准的第 4 层级是这样的:“论点清晰。有大量且充足的材料和佐证作为支撑。所有材料之间相互关联,且细节充分。信息、数据来源可靠,且已经注明合理参考源。”与学生一起进行头脑风暴:如何基于这些陈述写出问题?如果你从“论点清晰”下手,学生也许会提出这样的问题:

- 我的论点清晰吗?
- 我的论点有多清晰?
- 我如何确定我的论点是清晰的?
- 我如何使我的论点更加清晰?

你可以继续利用描述中的各项要素,收集出一套可供学生自省用的问题。如果你的学生快速掌握了诀窍,你也可以通过几轮问题生成练习,介绍将描述转换为关于任务问题的方法,随后让学生在自省时写下他们自己的问题。

## >>>对学生自省的反馈

支持学生有效自省的首要关键是询问关于其任务的有效问题,其次自然要回答这些问题。当学生学习如何自省时,将其回答问题的优劣程度反馈给他们。对学生自省的反馈大体上是口头形式,但如果学生使用正式自省格式的话,也可是书面形式。对学生自省的反馈不需要面向所有学生,它也不是为计分服务的。

帕克和布雷福格尔(Parker & Breyfogle,2011)以帕克女士的学生使用数学问题解决量规评估三份匿名学生作品的例子为切入点，描述了自省的过程。在这一活动的后期，全班对第一周和第四周的匿名学生作品样本进行了评估，并讨论了如何在量规中描述这种变化。在随后的小组活动时间，帕克女士通过询问探索性问题，引出学生对作品细节观察的进一步思考。最后，她以个别谈话的形式，要求学生应用该量规评估自己的作品。接下来她所提出的问题（例如，“你写出了你所做的事，但你有没有说明做这些事的原因？”）可作为反馈提供给学生，还可以成为下一步观察（“不，我仅写了我所做的”）甚至最终行动计划（写出为什么）的铺垫。

**反思**

如何让学生在你的课堂中进行更多自省？

## 小结

量规的一个优势是它能为形成性评估提供帮助。第 9 章探讨了使用量规与学生分享学习目标和成功标准的方法。第 10 章探讨了使用量规改进学生作品的方法，以及能够证明学生进一步学习的方法。当学生下笔、草稿、践行、修改、润色后，最终以一个分数来证明其成果或成就所达到的层级。第 11 章将继续讨论使用量规评分的一些方法。

第 11 章

# 量规与评分

How to Use Rubrics for Grading

**反思**

你曾经使用过量规进行评分吗？期间有何疑问或难题？你是如何处理的？

本书的重点在于高质量量规的编制和选择，并探讨了如何利用量规进行形成性评估，促进学生学习。由于大多数教师还是习惯于使用测试分数和百分数，所以在利用量规评分时往往会出现使用不当的情形。本章的编排是出于量规应用介绍的完整性，研究的重心并不是评分，而是如何正确利用量规评分。读者如需获取更多的有关评分的资料，可以参考布鲁哈克特（Brookhart，2011）或者奥康纳（O'Connor，2011）的著作。

## 评分的含义

"评分（grading）"通常有两种含义。我们所说的"批作业"或者"改试卷"指的是单独为某项任务提供等级评估。除此之外，我们还可以通过评分对一组个人成绩进行整合，最终结果显示为成绩单上的等级。在这种情形中，成绩单分基于标准和传统两种，等级也因此有基于标准和基于学科两种。本章将集中讨论上述两种量规评分情况。

## >>>基于量规的等级和分数——有明显区别

量规的层级通常控制在3到6级，且各层级之间并不是等比划分。而在测试题中，无论是正误判断题还是要点得分题，每一分均占据总分的固定比例。量规使用的是有序分类，即连续的质量表现描述。基于此，许多教师在实际操作中出于习惯，或者过度依赖成绩录入软件，将量规转换为百分数使用，其做法实际已经背离了原本的评估意图。例如，3级水平在4级量规中通常代表熟练。但是四分之三，即75%，在大部分的字母等级表中仅为C，甚至是D。这两种等级结果均无法体现“熟练”水平。

本章提出的所有评分建议都是为了确保最终的等级能够尽可能精确地在个人或成绩单的等级数据中呈现学生的学习信息。那些对定量推理更感兴趣的读者，如果想要了解上述评分建议背后的研究支撑，可以查阅尼特可和布鲁克哈特（Nitko & Brookhart，2011）二人的论文。

## >>>个人等级评估

评分量规即学生使用的形成性评估量规，该量规可以帮助学生理解学习任务，监督和改善学习过程。希望对大多数读者来说，这些都是显而易见的。

如果已经将量规应用于形成性评估，那么该项任务的主要“等级”应反映出学生在每条标准上的最终表现层级。这部分内容是对学生学习的描述,因此对学生来说至关重要。其中一个比较好的做法是,圈出学生在每条标准下的最终学习表现描述。你无须另外花时间进行概述,因为信息都已经包含其中。节省下的时间则可以用来针对个别学生的具体学习情况进行些许评论——避免长篇大论,因为最有效的反馈时间是在评分前,而非评分后。

如果要利用解析型量规进行表现评估并得出整体成绩,可以将学生在各标准中的等级进行整合。无论结果是否将各标准表现概述为完整的表现描述,都应确保学生知晓量规内容和评估过程,因为基于具体标准的结论远比一个杂合分数更有意义。有时为完成成绩报告单,需要对各项标准的得分进行整合,进而计算出每次评估的综合等级;有时各项标准的等级是基于不同的内容的,便无须整合。例如,某量规中可能包含“科学内容”“探究技能”和“沟通技能”等三大内容。

如果要求计算出某次评估的综合等级(例如,“科学”),则必须使用各项标准得分的中位数或众数,而非平均数。如果想从不同角度描述“综合”表现,表11.1提供了三种最常见的数据汇总方法——平均数、中位数和众数,其中中位数较值得推荐。

表11.1使用的是一个四标准6级解析型量规,案例中每条标准表现得分分别为6,5,3,3,且拥有相同的权重,这在实际情况中并不多见。在各标准权重不相同的情况下计算平均数,需要用权重乘以分数。例如,分数6的标准权重为2,在计算的时候需要将6变成12,那么平均数就变为5.75了。其他情况下亦是如此。同理,计算中位数需在得分数列中增加一个6,那么结果就变成5了。

在大多数情形下,推荐使用中位数。如表11.1中所示,中位数与平均数相比,较少受极端数值的影响,较众数又更加稳定。假设案例中的其中一个3分变成5分,情况会怎样呢?某项标准上成绩的改变也许并不意味着整体表现的较大差别,但是众数却将综合分数提高了 2 分 —— 这在 6 级量规中所占比重较大。除此以外,中位数还有便于计算的优势,在大多数的解析型量规中,分数甚至可以直接通过心算得出。在下面的内容中,你可以尝试通过电子表格来计算中位数。

**表 11.1 数据的三种汇总方法:平均数、中位数和众数**

| 集中趋势的描述方法 | 案 例 |
| --- | --- |
| | 在某 6 级解析型量规中,学生在四项标准中的得分分别为 6,5,3,3 |
| **平均数**<br>•所有分数的总和除以个数<br>•通常也被称作算数平均数 | **平均数 =4.25**<br>(6+5+3+3)/4=4.25 |
| **中位数**<br>•将所有分数从高到低排列,分为个数相等的上下两部分,中间的数即为中位数(在两数之间则取平均数)<br>•通常也被称为第 50 个百分位数 | **中位数 =4**<br>(首先将分数按照顺序排列)<br>6 5 3 3<br>^<br>4 |
| **众数**<br>•分数集中,最常出现的分数<br>•有时候将其视为"最普遍的"分数会更好理解些 | **众数 =3**<br>(首先将分数按照顺序排列)<br>6 5 (3 3) |

## >>>报告单成绩整合

分数整合的方法选择受两方面因素制约:等级类型以及成绩报告单的评估意图。需要考虑以下问题:

•为完成成绩报告单,需要对哪种类型的个人成绩进行整合?所有的个人成绩均是基于量规所得,还是结合了量规和百分数两种计分方法？如果是前者，那么量规统一吗？或者有 4 级 /5 级之分吗？这些都将对你的整合产生影响。就和“苹果和橙子”的逻辑是一样的。因此在整合成绩之前，应确保它们都是基于同一尺度的。

- 我将以何种形式在成绩报告单上呈现学生成绩？你的成绩报告单使用的是字母等级（例如，A，B，C，D，F），百分数还是基于标准的表现类别？这同样也会影响成绩整合。
- 制作成绩报告单的目的是什么？以反馈学生的学习进展（与努力程度、出勤情况等相对）为例，报告内容是基于学科还是基于标准？如果是基于标准，你可以优先考虑学生最近的学业表现。因为在同一学习维度下，即使学生初期表现不太理想，随着对标准的不断接近，成绩会逐步提升。但如果是基于学科，由于各单元的标准不同，学生在各个阶段的表现情况都会对最终结果产生一定影响。也就是说，如果学生初期表现不佳，就算后期表现良好，依然会对成绩产生影响，因为前后遵照的标准不一。

具体应如何进行分数整合呢？图 11.1 根据对上述三个基本问题（成绩类型、报告形式、评估意图）的回答情况，提供了不同的操作路径。

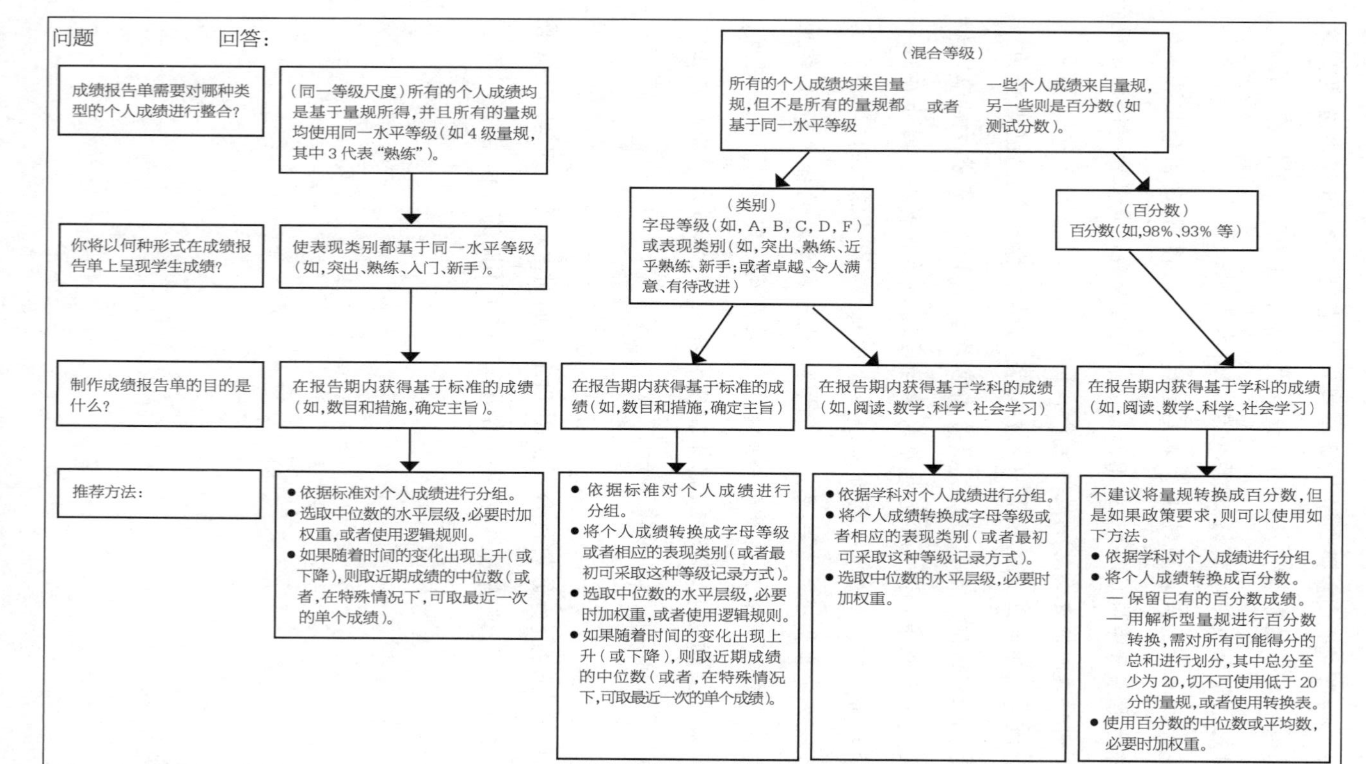


图 11.1 决策树与报告单成绩整合方式

备注：本图仅提供了几种最常用的评分决策。如果出现本图以外的情况，需要依据本章中的操作步骤选择最佳整合方法。

该图左侧是问题，右侧是依据具体回答制作的两个流程图，实现了以下目标：

- 依据成绩报告单的制作意图，确定待评估个人成绩组。
- 确保所涉及的个人成绩均基于同一等级尺度。
- 对学生个人成绩的集中趋势进行整合。

下面将对上述观点进行细致论述。

**依据成绩报告单的制作意图，确定待评估个人成绩组。**成绩报告单一般会用来反映学生在标准方面的达成情况或者学科方面的掌握情况，因此成绩记录分基于标准和基于学科两种。这似乎是理所当然，但确实有说明的必要，尤其在一本专讲量规的著作中。

之前已经介绍过，解析型量规的分数若是基于学科，通常需要对得出的分数进行整合。然而，解析型量规的分数若是基于标准，可能需要将一个或者多个标准分开考虑。例如，学生写了一篇有关某历史事件及其影响的报告，需用表 4.2 中的写作基本型量规进行评定。其中“内容”和“推理 & 论证”的分数可以共同作为理解和分析历史事件的标准，而“清晰”的分数可以作为阐述历史事件或说明文写作的标准。

因此，在记录个人成绩之前，应当明确成绩报告单上所需要的确切信息。如果你的分数如要求的那样，基于标准或基于学科，便可以轻易计算出有意义的成绩报告单分数。相反，如果没有事先规划成绩记录方法，或者本应分开处理的评定结果被贸然合并，就无法为得出最终成绩提供合理参考。更有甚者，将结构不良的分数录入成绩软件，自动生成最终等级，在毫无意识的情况下背离了原本的评估意图。

在报告单制作初期便要选择正确的成绩记录方式。提前准备并不困难，相反，如果成绩记录方式不统一，会为分数整合带来困难，甚至出现无法整合的情况。

**确保所涉及的个人成绩均基于同一等级尺度。**这里的"等级尺度"指的是用来描述学生个人成绩水平的数字或层级。不同的等级尺度，诸如百分数、4级量规或6级量规等等，会催生不同的学业成绩表现形式。很明显，数字"4"在不同的等级尺度表中代表不同的学业水平。如果简单取所有等级表分数的平均数，则会引发混乱。

如果整个评估过程采用统一量规，那么无论是测试还是表现评估，各类项目还是任务，所有个人成绩都将基于同一水平等级表。第6章专门介绍了此类量规的编制方法。

如果学生的所有个人成绩都是依据量规所得，但是各量规内部的层级划分意义不统一，或者根本没有统一的水平层级划分，就需要对这些量规成绩进行整合，使其基于同一等级标准。这也反映了比较苹果和橙子的原则。你需要确保所有的量规都是苹果（或者橙子、香蕉等等），即，它们之间是可比的，是可以实现有意义整合的。

无论你的个人成绩组是基于学科还是基于标准，如果报告单上的成绩要求显示为字母等级（例如，A，B，C，D，F），表现类别（例如，突出、熟练、近乎熟练、新手）或者其他有序的小标度的学业等级，最简单的做法便是将每一个个人成绩都转换为相应等级。这样的话，所有的数据信息都可以在整合时直接使用，同时也避免了二次转换。这个工作最好在记录个人成绩时完成，如果没有的话，就要确保在计算报告单成绩之前完成。

如表11.2所示，表的上半部分列出了四名学生的五次评估数据，包含了考查或测试的百分数以及量规的表现评估结果。不可否认，这种多样的、相区别的组合方式能较好地适应同一内容领域的不同方面、不同认知层级以及不同行为模式的评估要求。但如表中所列出的那样，统计上有一定的困难。如果简单取所有数字的平均数(所有数字相加,除以5),得出的结果显然无法说通。

表11.2　个人评估与报告单等级转换案例

| 个人评估的原始成绩 | | | | | | |
|---|---|---|---|---|---|---|
| 学生 | 评估1 | 评估2 | 评估3 | 评估4 | 评估5 | |
| 艾登 | 79 | 2 | 74 | 3 | 4 | |
| 布里特妮 | 68 | 2 | 69 | 2 | 3 | |
| 卡洛斯 | 93 | 4 | 98 | 5 | 6 | |
| 丹妮拉 | 88 | 3 | 92 | 5 | 5 | |
| 转换成报告单等级(中位数法) | | | | | | |
| 学生 | 评估1 | 评估2 | 评估3 | 评估4 | 评估5 | 报告单等级 |
| 艾登 | C | C | C | C | B | C |
| 布里特妮 | D | C | D | D | C | D |
| 卡洛斯 | A | A | A | A– | A | A |
| 丹妮拉 | B | B | A | A– | A– | A– |

备注:评估1和评估3的原始数据为百分数。评估2的原始数据是基于某4级量规,其中3代表熟练水平。评估4和评估5是基于某6级量规,其中4以及4以上代表熟练水平。转换后变为字母等级(A,B,C,D,F),因为成绩单上的等级需要基于同一等级尺度。

为解决该问题,我们得首先确定最终报告单上所用的等级类别,并以此来辨别每个独立成绩的意义,为有效整合做铺垫。在本例中,成绩报告单上使用的是字母等级。如果要求最终成绩以水平层级(突出、熟练等)表示,过程类似,只不过是将字母等级转换为水平层级。

表中评估1和评估3使用的是测试法,因此结果显示为百分数。为便于理解，可以参照“90—100 = A，80—89 = B”等，将百分数转换为字母等级。当然，你也可以依据本地区或学校的标准来实现转换。

评估 2 是基于某 4 级量规的表现评估，其中 3 代表熟练。根据判断，可将上述结果转换为字母等级，如 3（熟练）代表 B 级表现，4（突出）代表 A 级表现，2（近乎熟练）代表 C 级表现。评估 4 和评估 5 都是基于某 6 级量规的表现评估，与“6+1”特质写作量规类似，4 及 4 以上代表熟练。为了与前后“B= 熟练”的设定一致，6 级量规可以做如下规定：6=A，5=A-，4=B，3=C，2=D，1=F。百分数转换成字母等级，可以依据本学校或地区的惯例操作，不一定要和本例完全一致。

如果你在评估过程中一直使用的是量规，但是成绩报告单上却要写百分数，就有点作茧自缚了。基本上，量规的表现层级已经较为精确，无法再做删减。要在原来的层级设定上，再细分出 101 个（0—100）档位，在数学意义上也不现实。但是如果草草推断不能在报告单上使用百分数，对解决问题而言无任何实际帮助。虽然相关评估过程并没有出现漏洞，但你无法得出最终的报告单成绩。

因此，如果规定报告单成绩必须使用百分数，可以尝试从本地区的报告单体制上寻找突破，同时对一些必须遵循的硬性政策做适当妥协。比较保险的做法是在学生学习评估的基础上实现转换，因为单纯的数字会窄化学生学习的意义。无论你所记录的个人成绩是基于量规还是同时基于量规和百分数，整合之前都应确保他们的水平层级源于同一百分表。这样做的目的是确保可比性，使其能够被整合，从而产生有意义的结果。

将量规结果转换为百分数，可以通过两种方法：一是借助数学方法，对量规结果进行换算；二是基于评估使用转换表。

要想借助数学方法（仅仅提出来都觉得难堪！这是多么糟糕的方法啊！），首先得确保所使用的量规总分至少为 20 分，30 分更好。20 以上的总分能够从百分数角度阐释量规未及的问题，这在本章伊始已经讨论过（回忆一下，之前提过的 3 级水平，指代 75% 的百分数，在大部分评分表中却并非意味着熟练层级）。

虽然无法完全避免，但是可以通过扩大基数，一点一点地改进问题解决方法。在 5 个 4 级量规中，5 个 3 级水平对应的百分数仍然是 75%（15 除以总分 20）。但在 3/4 的情况中，尺度直接从 75% 跃至 100%，没有可供打分的区间范围。而在总分为 20 的 5 个 4 级量规中，是可以产生评估分数的（四个 3 和一个 4 是 80%，三个 3 和两个 4 是 85%，等等）。如果必须将量规结果转换为百分数，应保证提供能够反映学生学习情况的信息 —— 总分至少设为 20，甚至更高。

我曾在一次有关评分的研习会上受到一位教师的启发。她说，某些量规的最低等级是 1。该层级的表现描述通常为“答案难以理解”或者“根本没有写出答案”。她担心有学生会为了“得分”而偷懒不钻研。这确实是一个有趣的问题，但需要注意的是，评分依据的是学生投入。成绩是用来衡量学生学业的，而且层级的设置通常是教育者的个人具体作为。即使某学生在一次任务的 5 个 4 级量规中的得分均为 1，最终成绩为 25%，这个学生在学业上仍然不过关。实际上，这 25% 的评分结果与蒙对单选题的情形十分类似，只不过换成了百分数而已。

与直接计算百分数相比，基于评估的转换表更经得起推敲，因为评估中包含了分数对于学生学习意义的解释。虽然仍然无法从数学角度对分数进行更精细的切分，但至少评估是有根据的。表 11.3 提供了基于评估的转换表的样例。

该表依据的是教师对学生学习的评估，前提是 3 级代表熟练水平，且在本校的百分表中对应 B 中。为便于说明，将 90—100 设为 A，80—89 设为 B，以此类推。参照该转换表，某学生如得到量规中的最低等级 1，代表其未完成任务，但转换为百分数，得分反而是未完成区间中的最高分。学校使用不同的等级尺度或不同的评估体系等都会影响转换表的具体内容。

**表 11.3　基于评估的转换表（将量规结果转换为百分数）**

| 某评估中各项标准得分的中位数 | 该评估对应的百分数等级 |
|---|---|
| 4.0 | 99 |
| 3.5 | 92 |
| 3.0 | 85 |
| 2.5 | 79 |
| 2.0 | 75 |
| 1.5 | 67 |
| 1.0 | 59 |

最理想的情况是，教师团队或者整个教研室、学校能够通力协作，共同创建转换表，就如同上表的产生过程一样。其中包含的评估当然越全面越好，而且形成的评估统一意见越多，转换表的使用和解释过程也会越简便。

最后还是要再强调一点，将量规结果转换为百分数的做法是退而求其次，我并不推荐，只是为了适应某些政策要求。

**对学生个人成绩的集中趋势进行整合。**当你的个人成绩组都是基于同一等级尺度——如果愿意的话，可以理解为苹果对苹果——就可以开始整合了。在大多数情形下，推荐使用中位数，尤其当报告单成绩需要描述为学业等级时。中位数加权重也较为简单（例如，两倍权重，只需要将同一分数计算两次；三倍权重，即重复计算三次）。中位数较少给极端值加权重。

如果报告单成绩表述为字母等级（例如，A，B，C，D）、表现类别（例如，突出、熟练、近乎熟练、新手），或者其他有序的小标度的学业等级，可以使用中位数法。在正式计算之前，还须明确是否需要对个别成绩加权重。

如果报告单成绩基于学科，但是学科内包含不同的标准，可以考虑为某些重要标准加权重。或者在个人成绩组中，根据评分内容的难易程度，给相关分数加权重。例如，与反映记忆和字面理解水平的分数相比，涉及更复杂的思考水平和拓展能力的成绩可以计算两次。为具体分数确定好权重之后，按照表 11.1 的方法计算中位数。表 11.2 并没有给某些分数加权重，每次独立评估都享有共同的权值。其中中位数用来描述五组成绩的集中趋势，最终结果显示在“报告单等级”一栏中。

如果报告单成绩是基于标准而非学科，所有学习任务都在同一维度内，你仍然可以设置各成绩的权值比重。在计算中位数之前，先观察一下个人成绩随时间变化的趋势。如果符合学习型特征 —— 起点较低，稳步提升，逐渐持平 —— 那么那些处于持平阶段的个人成绩就代表了学生对该标准的掌握程度，中位数应该在这里面产生。

如果趋势图的走势相反，逐步走低（少见，但时有发生），可以取最近表现的中位数。或者无把握时，为保险起见，取所有成绩的中位数。同时，还需找出导致学生成绩下滑的原因。在做出报告单成绩之前察觉出异样，还可以采取一定措施补救。

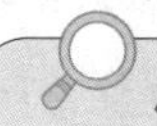

**反思**

在图 11.1 的决策树中，哪种方法最贴近你的学校或课堂的评分政策和要求？你的相关评分经验与本章的内容相比，有哪些出入和吻合的地方？

如果学生成绩无明显趋势，就取所有个人成绩的中位数。表 6.4 中考特的案例正是属于这类情况。

如果评估过程使用的是量规，

但是报告单成绩要求使用百分数，首先用前面介绍过的方法将个人成绩全部转换为百分数，再根据标准内容的重要程度以及评估内容的复杂程度设置权重。这里仍然推荐使用中位数，在减小极端值影响的同时，还可以得出可靠的平均等级。（实际上，即使所有的个人成绩一开始便是百分数，出于同样的原因，仍然首推中位数。）当然，也可以选择平均数计算综合等级。

## 小结

本章主要探讨了两个问题，一是如何使用量规进行个人评估，二是如何将所有的个人评估结果整合成报告单上的成绩。量规中最关键的内容是，如何用其描述、拓展和促进学生学习。本章为个人评估以及报告单提供的评分建议都是基于对量规结果的处理，确保其能真正反映学习意图。量规分数看上去与其他数字没有差别，因此教师经常在无意识中进行求和或求平均值，但其实这类方法并不适用于有序的小标度的学业等级。希望通过本章的介绍，能帮助学习者更深层次地理解量规评估结果的意义。

个人成绩表述类型、报告单成绩的呈现形式，以及报告单的评估意图都会对最终的成绩整合产生影响，据此也提供了众多的操作建议。当然，本章无法覆盖所有可能的情况。如有例外，可以遵循如下步骤：（1）确定待评估个人成绩组；（2）将其置于统一的等级尺度表中；（3）根据分数类别以及报告单要求，选择合适的整合方式。

# 结　语
Afterword

量规是非常常见的评估工具，但是在我看来，这个工具并没有得到充分利用。目前使用的量规中经常会出现零散的或者列表式的标准（例如，“段中包含四个形容词”）。在使用过程中经常与其他基于得分点的评分体系（point-based grading scheme）混用，完全没有利用自身形成性、学生中心的评估优势。而在评分过程中，量规结果又经常会与测试分数或其他等级数据，以错误的方式被整合，代表学生最终的综合等级。读者从本书最直接的获益便是科学、有效的量规使用方法。

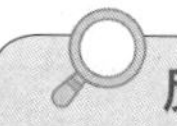

**反思**

你现在对量规有哪些新的认识？与之前的结论进行对比。

同时，我坚信本书将不仅仅局限于解决与量规有关的问题。借助清晰的解释和大量的案例，再配合量规使用的相关教学策略，我希望本书能够鼓励教师开展更加有效的量规评估和教学，尤其能让学生更多地参与到自我评估与学习过程中，从而达到促进教师教和学生学的目的。同样，我也希望本书中的案例和说明能够帮助教师更加积极地、有想法地使用量规（设计和编制自己的量规，不要仅仅照搬书上或者网上的量规）。这也会催生更多策略性的教与学。

附录A：

# 6级“6+1”特质写作量规，3—12年级

Six-Point 6+1 Trait Writing Rubrics, Grades 3–12

## 6级写作量规

### 观　点

| | 不熟练 | | |
|---|---|---|---|
| | 1 新手 | 2 入门 | 3 成形 |
| | 缺少中心思想、写作目的或中心主题；读者必须根据粗略或不完整的细节推断出这些内容 | 尽管形成了话题或主题，但是仍缺少中心思想 | 有中心思想，但可能非常宽泛或过于简单 |
| A | 没有话题 | 有几个话题；其中一些可能成为中心主题或中心思想 | 尽管话题仍然太过宽泛、缺乏重点，但是变得清晰了；读者必须推断信息 |
| B | 话题论证不明显 | 话题论证有限且模糊；其长度不足以支撑文章进一步发展 | 话题论证随意或混乱，没有成为重点 |
| C | 没有细节论据 | 仅有少数细节论据；作品仅重述话题和中心思想，或仅回答了一个问题 | 有附加细节论据，但是不够具体；中心思想或话题出现，但仍然较弱 |
| D | 作者没有依据自身知识或经验组织写作；作者与作品思想没有关联 | 作者未使用个人知识或经验概括话题 | 作者的“讲述”是基于其他人的经验，而不是“展示”自己的经验 |
| E | 读者的问题尚未解决 | 由于不够具体，读者存有许多问题；读者很难想象出缺少的信息 | 尽管仍然存在问题，但读者开始能够通过具体细节发现重点 |
| F | 作者没有帮助读者对话题产生共鸣 | 尽管做了尝试，但是作者未能以任何方式让读者对话题产生共鸣 | 作者对话题仅做了模糊的说明；读者只能凭主观随意理解 |
| **关键问题：**作者是否始终着重围绕话题展示新颖的信息或观点？ | | | |

| | 熟练 | | |
|---|---|---|---|
| | 4 胜任 | 5 熟手 | 6 杰出 |
| | 认定话题或主题为中心思想;展开仍然是基本或概括的 | 细节论据很好地论证了中心思想,但同时需参见附加信息 | 中心思想明确;相关片段或细节论据论证且丰富了中心思想 |
| A | 话题相当宽泛,但作者的方向是明确的 | 话题被着重论述,但仍需要进一步缩小范围 | 话题范围不宽泛且易于管理,被着重论述 |
| B | 话题论据开始发挥作用;但仍不足以使要点具体化 | 话题论据清晰且具有相关性 | 论据有力且可信,包含了相关且准确的资源 |
| C | 一些话题论据开始定义中心思想或话题,但其数量有限或不够明确 | 准确、精确的论据共同论证一个中心思想 | 论据具有相关性且生动有效;优质论据极为明显且无法预测 |
| D | 作者使用几个例子“展示”自己的经验,却仍然依赖他人的一般性经验 | 作者根据个人知识或经验,提出思考话题的新方法 | 作者的写作是基于自己的知识或经验;思想新颖独特,最重要是属于作者自己的 |
| E | 读者大致理解内容,仅有少数问题 | 读者的问题通常在作者的预料之中且被作者一一回答 | 作者回答了读者的所有问题 |
| F | 作者开始围绕话题,且开始通过自己、文本、外界或其他资源与读者建立联系 | 作者使用几个片段、文本或其他资源,建立读者与话题的联系 | 作者通过分享重要人生观,帮助读者产生大量共鸣 |
| **关键问题**:作者是否始终着重围绕话题展示新颖的信息或观点? | | | |

组　织

| | 不熟练 | | |
|---|---|---|---|
| | 1 新手 | 2 入门 | 3 成形 |
| | 行文组织不明；写作缺乏方向感；内容组织松散随意 | 大部分行文组织无效；只有部分片段能够引导读者 | 尽管结构隐约可见，但是行文组织仍然存在问题；读者理解文本速度缓慢 |
| A | 没有能让读者对下一部分内容进行预测的线索，没有可以总结内容的结论 | 文章线索且 / 或结论无效或不起作用 | 可能存在线索或结论，或两者都有，但是老套、陈腐，使读者觉得缺少信息 |
| B | 段落之间转承使人迷惑，或根本不存在转承 | 段落之间存在较弱的转承但经常不足以得出结论，却仍能为读者理解章节转换提供一点帮助 | 一些段落使用了转承，但存在重复或误导，导致多段落产生的共同效果较弱 |
| C | 排序不起作用 | 存在较为奏效的排序，但读者很难看出文章是如何整合的 | 排序完全合适，能掌控思想的传达；虽然明显，但是组织刻板，读之费劲 |
| D | 节奏不明显 | 节奏糟糕；读者想要进一步理解时文章节奏放缓，反之亦然 | 文章的一部分节奏得到了控制，其他部分并没有 |
| E | 缺少题目（如有要求） | 题目（如有要求）与内容不匹配 | 题目（如有要求）对内容提示较弱；题目表述不清 |
| F | 缺乏清晰结构，因此读者基本不可能理解其目的 | 结构与写作目的不符，使读者很难找出其目的 | 结构开始使目的变得清晰 |
| **关键问题：**组织结构是否有助于思想的传达，并使文章更易于理解？ | | | |

## 组 织

| | 熟练 | | |
|---|---|---|---|
| | 4 胜任 | 5 熟手 | 6 杰出 |
| | 行文组织能够帮助读者通读文本而没有太多疑惑 | 行文组织流畅,仅有少数不通顺的地方 | 行文组织增强并展示了中心思想;信息的顺序能激起阅读兴趣,使读者通读文本 |
| A | 存在容易识别的线索和结论;线索可能无法建立强烈的期待感;结论可能无法将所有琐碎的内容整合起来 | 线索且/或结论极其明显,可以发挥较大作用 | 有吸引人的线索,使读者融入语境;结论令人满意,使读者产生结束感和完成感 |
| B | 转承常起作用,但是可预测的、公式化的;段落都有主题句和具体论述 | 尽管缺乏新颖性,但转承具有逻辑性;多种思想组块分布在合适的段落,主题句使用恰当 | 转承精心设计,清楚地展现了思想(段落中的)是如何串联全文的,同时也帮助展示了每段的内容 |
| C | 排序显示了一些逻辑性,但由于控制不足,无法持续展示思想 | 排序合理且非常明显,能帮助读者通读全文 | 排序具有逻辑性且切实有效,能帮助读者轻松通读全文 |
| D | 节奏控制良好;但有时发展极快,有时则列出过多无关论据 | 节奏控制得好,但是仍存在需要作者进一步强调或更为有效推进的地方 | 节奏控制得很好:作者清楚什么时候应该慢下来详细描述,什么时候应该继续推进 |
| E | 题目(如有要求)不具启发性,仅重复了提示或话题 | 题目(如有要求)仅提要了内容的次要思想,没有抓住更深层的主题 | 题目(如有要求)新颖,能反映出内容并抓住中心主题 |
| F | 结构有时能论述目的,其他时候读者需要对文本进行重组 | 总体来说,结构能够论述目的,帮助读者理解 | 结构开展流畅平稳,潜移默化地帮助读者理解全文;结构的选择匹配且强调了目的 |
| **关键问题**:组织结构是否有助于思想的传达,并使文章更易于理解? | | | |

## 语　气

| | 不熟练 | | |
|---|---|---|---|
| | 1 新手 | 2 入门 | 3 成形 |
| | 作者似乎保持中立，未介入论述，或刻意与话题、目的、读者之一或者三者都保持疏远 | 作者的论述需要依靠读者对短语（如“I like it”或“It was fun”）中所有语气的准确感知 | 即使读者已尽最大努力去感知，作者的语气仍然很难被感知 |
| A | 作者并未与读者进行任何形式的互动；作品平淡，导致读者失去了阅读兴趣 | 作者使用的都是陈词滥调，导致始终缺乏与读者的互动 | 作者似乎清楚要考虑读者，但却抛弃了个人观点去支持安全的概论 |
| B | 作者慎重行事，没有揭示任何结论，作品平淡得让读者昏昏欲睡 | 作者揭示了一些结论，但仍过于谨慎，不足以吸引读者 | 作者随机使用“aha”让读者感到意外，也将自己的风险最小化 |
| C | 语调不明显 | 语调不能促进作品论述的展开 | 语调平淡；作者在写作时并未倾尽全力 |
| D | 语气不能促进话题论证；写作死板机械，或许过于专业、正式或含混晦涩 | 语气“试图”论证话题，但作者没有引导读者感受作品 | 语气能够初步论证主题；读者想要了解作者对话题的态度 |
| E | 语气与目的或文风不符 | 语气无法帮助目的或文风的实现；叙述仅是概括性的；说明文或议论文不足以从有限论据中得出论点，缺乏说服力或权威性 | 尽管语气在许多地方仍然较弱，但初步促进了目的或文风的实现 |
| **关键问题：**如果作品再长一些，你还会继续读下去吗？ | | | |

## 语　气

| | 熟练 | | |
|---|---|---|---|
| | 4 胜任 | 5 熟手 | 6 杰出 |
| | 作者似乎是真诚的,但没有全神融入;尽管话题和目的仍不能令人信服,但结果还算令人满意甚至新颖独特 | 作者试图真诚且生动地提出话题、总结目的和对话读者,但作品仍有使人走神的地方 | 作者以一种吸引人且生动的个人方式传达目的和话题,实现与读者直接沟通;作者不但充满热情,而且对观众和目的充满尊敬 |
| A | 作者试图与读者沟通,并有了一些成功的互动 | 作者与读者的沟通是真诚的、愉快的,是读者易接受的 | 作者以一种个人方式与读者互动,吸引读者 |
| B | 作者使读者感到意外、快乐,或有一两处引领读者 | 作者的观点和大胆论述使作品充满生气 | 作者以一种个人方式与读者互动,吸引读者 |
| C | 语调初步论证并丰富了写作 | 大多数情况下语调的走向正确 | 语调增强了信息的人情味和组织性,准确恰当 |
| D | 语气能够促进话题论证;写作死板机械,或许过于专业、正式或含糊笼统 | 语气明显、着重促进了话题的论证;作者的热情得到了持续传达 | 语气对话题进行了有力论证;作者对话题的热情明确、令人信服且充满力量;读者想要了解更多 |
| E | 语气中缺少有关目的或文风的线索;叙述热情或真诚;说明文或议论文缺少话题的持续介入,无法使人建立信赖感 | 语气促进了对作者目的或文风的论证;叙述取悦、吸引了读者;说明文或议论文揭示了作者选择思想的原因 | 语气与目的或文风契合;语气具有吸引力,充满激情和热情 |
| **关键问题**:如果作品再长一些,你还会继续读下去吗? | | | |

词语选择

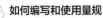

| | 不熟练 | | |
|---|---|---|---|
| | 1 新手 | 2 入门 | 3 成形 |
| | 词汇有限；作者寻找词汇表达意思；没有虚构想象 | 词汇存在小问题，导致意思表达有缺陷；用词错误；读者无法想象信息或内容 | 词汇易于理解但缺乏力度；作者需要对作品的一些部分进一步解释后读者才能够理解 |
| A | 词语过于宽泛且/或概括，无法传达有效信息 | 词语相当模糊或普通，因此传达信息有限且不清 | 词语大体上充足且正确；信息初步呈现 |
| B | 词汇使读者混淆，且相互矛盾；词语未能创造心理意象，无法使人留下深刻印象 | 词汇缺乏多样性和趣味性；连简单词也使用有误；没有创造心理意象 | 词汇具有基础性；主要使用了简单词；多样性的词汇初步"展现"而不是"陈述"作品；仍未形成心理意象 |
| C | 词语使用错误，导致信息无法正确传达 | 词语太过简单朴素，令读者昏昏欲睡，或者过分夸大使其失去了意义 | 初步出现新颖、自然的选词，使作品真实可信 |
| D | 词性误用使作品混乱，令读者感到迷惑；没有向读者传达信息 | 词性冗余，且/或专业术语或陈词滥调分散了读者对信息的注意力 | 词性的使用生搬硬套，缺乏技巧性；被动式动词、过度使用名词、修饰语不足、缺乏多样性这些问题，导致信息传达模糊 |
| **关键问题**：词汇和短语是否描绘出了生动的画面，在你的脑海中盘旋？ | | | |

## 词语选择

| | 熟练 | | |
|---|---|---|---|
| | 4 胜任 | 5 熟手 | 6 杰出 |
| | 词汇具有功能性，但是仍缺乏力度；总体来说作者的意思容易理解 | 词汇较准确切合；初步形成心理意象 | 词汇有力度和吸引力，形成了心理意象；词语准确、自然、有趣地传达了预期信息 |
| A | 词语能起作用，并初步建构起独特的个人作品；信息容易识别 | 大多数情况下，词语"刚好正确"，并向读者传达了明确的信息 | 词语精准准确；作者传达的信息容易理解 |
| B | 词汇包括熟悉的交流词汇和短语，但很少引起读者想象；可能有一两处激起火花或心理意象 | 词汇有力；存在修辞语言——明喻、暗喻、诗歌手法，因此容易"看到"作者所说内容；心理意象留存在记忆中 | 词汇显著突出、强劲有力、引人注意；能够吸引读者并给其留下深刻印象；读者能够轻易地自觉回忆起一些短语或心理意象 |
| C | 尝试以多样性的选词来展现和拓展成长的意愿，但有时过于极端 | 新词和短语通常是正确的 | 选词自然，同时兼具新颖性和适度性；词语和短语都是独特且有效的 |
| D | 词性准确，偶尔精练，具有功能性并初步构建了信息 | 仔细选择了正确且多样的词性来向读者传达信息，更阐述并丰富了作品 | 经过深思熟虑选择了最合适的词性传达信息；生动的动词增添了活力，准确的名词或修饰语增加了作品的深度、色彩和特殊性 |

**关键问题：**词汇和短语是否描绘出了生动的画面，在你的脑海中盘旋？

语句流畅

| | 不熟练 | | |
|---|---|---|---|
| | 1 新手 | 2 入门 | 3 成形 |
| | 句子结构不正确；读者必须尝试练习对作品进行解释性阅读；几乎不可能大声读出来 | 句子几乎没有变化；甚至简单的句子结构都会使读者停下来判断陈述的内容和方式；很难大声读出来 | 句子客观来说是正确的，但是缺少变化，要么高低吟唱，要么让读者昏昏欲睡；读出声时听起来很机械 |
| A | 句子结构参差、不完整、冗长、闲散或差劲 | 句子结构合理，但措辞听起来不自然 | 句子结构大多正确，但句子不通顺 |
| B | 句感（类型、开头、连接词、节奏）不明显；几乎不可能找到句子的开头和结尾 | 句感不太明显；若要使句子通顺正确，大多数情况下必须完全重组句子结构 | 句感初步呈现；尽管存在问题，但读者可以读下去且找到句子的开头和结尾；句子缺乏变化 |
| C | 句子不完整，难以判断句子开头的优劣或分析句子类型 | 许多句子的开头雷同且句式简单（主一谓一宾）、单调 | 简单句、复合句以及多样的句子开头对作品起到促进作用 |
| D | 连接词较弱或缺少连接词，造成了大量的语言混乱；缺少连接词的句子使作品整体混乱 | “废”连接词（and, so, but, then, because）使读者无所适从 | 尽管作品整体仍较弱，但少量连接词已可以将读者从一个句子引导向下一个句子 |
| E | 节奏混乱、不流畅；若无作者帮助，就算经过练习，也无法将作品大声读出来 | 节奏随意，或许仍有些混乱；文章对读者口头朗诵的表现力没有帮助 | 节奏初步形成；读者尝试几次后，能够将作品大声读出来 |
| **关键问题**：当读出声时，你能感受到词语和短语共同作用的效果吗？ | | | |

## 语句流畅

| | 熟练 | | |
|---|---|---|---|
| | 4 胜任 | 5 熟手 | 6 杰出 |
| | 尽管句子的机械性仍多于韵律性或流畅性，但多样且有效，读之愉悦、有条有理；容易被大声朗读 | 一些句子富于节奏且流畅通顺；多种句型结构正确；读出声时，它是通顺的 | 句子通顺，有韵律、有节奏；结构有力、形式多样，使读者忍不住读出声来 |
| A | 句子结构正确、比较流畅，但设计并不巧妙，或缺乏韵律性 | 句子结构流畅，引领读者顺利地通读作品 | 句子结构有力，在吸引并引导读者通读全文时，能够突出和增强意义 |
| B | 句感适中；句子结构正确且多样，各部分协同运作 | 句感强烈；句子结构正确且多样；几乎没有出现对话或不完整片段 | 句感强烈且有助于意义表达；对话（如有）自然；片段（如有）增加了作品的多样性；句子在类型、开头、连接词、节奏方面均衡 |
| C | 句子开头多样但较为一般、普通；句式包括简单句、复合句，也许还有一些复杂的句子 | 句子开头多样且独特；四种句式（简单句、复合句、复杂句和复合复杂句）的使用均衡多样 | 多样的句子开头为作品增添了趣味和力度；四种句式在作品中分布均衡 |
| D | 连接词新颖，能够将作品各片段整合在一起，但仍有不够精练之处 | 连接词周全且多样，引导读者轻松通读作品 | 连接词运用恰当、有创意，突显每个句子与前一句的关联性，并将其整合在一起 |
| E | 节奏不一致；一些句子让读者禁不住想要读出声来，而其他句子僵硬、呆板，或不连贯 | 节奏较稳定；读者可以轻易读出声来 | 节奏流畅；作品有韵律；第一次出声阅读就能感受到作品的表现力、愉悦感和趣味性 |
| **关键问题**：当读出声时，你能感受到词语和短语共同作用的效果吗？ | | | |

### 表达习惯

| | 不熟练 | | |
|---|---|---|---|
| | 1 新手 | 2 入门 | 3 成形 |
| | 表达性错误普遍且重复，使读者无法专注阅读，因此文本缺乏可读性 | 文本各处散布着许多各种各样的表达性错误 | 作者在表达上有许多不确定之处，大多数在难度较高的任务中，但也有一些在简单的任务里 |
| A | 拼写错误频繁，甚至还有一些简单词的拼写错误 | 依据语音拼写，有许多拼写错误 | 简单词拼写错误，但是读者能够读懂 |
| B | 标点经常被漏写或错写 | 简单结束(.!?)标点正确，内部(,’;-:…)标点经常错误或漏写 | 标点不准确 |
| C | 大写随意、不准确，甚至没有大写 | 仅正确遵守了简单的大写规则 | 只有专有名词和句首的大写正确，其他部分的大写并未遵守规则 |
| D | 语法或用法错误频繁且明显，使作品无法被理解 | 存在各种严重的语法或用法问题，理解作品有难度 | 由于对话口语的使用惯性，语法或用法运用不当；意义表达使人困惑 |
| E | 需要对作品全面修订(几乎每一行)后才能发布；读者第一遍阅读时只能读懂，之后再读才能挖掘意义 | 还需要对作品进行许多次修订后才能发布；意义表达模糊 | 尽管作品能够向读者传达意义，但是仍有许多地方需要修订 |

**关键问题：**需要对作品进行多少次修订，才能算得上是完备的作品，并可以对外发布？(注：年级水平是影响表达习惯的一个重要因素。期望的确定必须以年级水平为依据，并仅考虑已教授的技能。**对中学生的期望就明显要高于对小学生的期望。**)

## 表达习惯

| | 熟练 | | |
|---|---|---|---|
| | 4 胜任 | 5 熟手 | 6 杰出 |
| | 作者已合理地掌握了年级水平的标准；有时应用得好，有时错误会影响或降低作品的可读性 | 作者进一步尝试一些复杂的表达；仍存在一些错误；对中学生来说，所有基本的表达都已被掌握 | 作者使用标准写作规范，有效地增强了可读性；几乎没有错误，仅需少许修订就可以发布 |
| A | 拼写通常是正确的，或普通年级水平词语的拼写在语音上是合理的，而难度较大的词语却并非如此 | 普通年级水平词语的拼写是正确的，但是有时难度较大词语的拼写是错误的 | 拼写通常是正确的，连难度较大的词语也是正确的 |
| B | 结束标点通常是正确的；内部标点有时是正确的；（中学生）所有标点通常都是正确的 | 标点正确，且几乎所有标点都能够增强作品的可读性 | 标点正确、有创意，指引读者通读全篇 |
| C | 大写几乎完全正确 | 大写正确；使用了更为高级、复杂的大写 | 大写不仅极为清晰易懂，而且始终正确 |
| D | 尽管问题不至于曲解意义，但应有的语法或用法始终不够恰当、准确 | 语法或用法通常是正确的；存在少许语法错误，但意义清楚 | 语法或用法正确，且有助于清晰表达和文体呈现；意义非常清楚；作品有意思，引人入胜 |
| E | 还需要进行适当修订（这儿一些，那儿一些）才能够发布；意义清楚 | 发布前尚有几处需要修订；遵守了大多数表达习惯；轻松地将意义传达给了读者 | 几乎不需要任何修订就可以发布；作者可以成功运用表达实现文体效果；意义极为清楚 |

**关键问题**：需要对作品进行多少次修订，才能算得上是完备的作品，并可以对外发布？（注：年级水平是影响表达习惯的一个重要因素。期望的确定必须以年级水平为依据，并仅考虑已教授的技能。**对中学生的期望就明显要高于对小学生的期望。**）

呈现方式

| | 不熟练 | | |
|---|---|---|---|
| | 1 新手 | 2 入门 | 3 成形 |
| | 作品的呈现方式或格式混乱了需要传达的信息 | 作品的呈现方式或格式在某些地方能够清楚地传达信息，而在某些地方只会传达混乱的信息 | 作品的呈现方式或格式传达了明确的信息，但缺少完整的、完美的表现形式 |
| A | 手写字母不够正式，格式不合要求或不正确；间距错乱或遗漏；读者认不出字母 | 尽管手写字母和词语在形和型方面存在一些问题，但还是可读的；间距错乱 | 手写对作品的可读性没有造成、或仅造成很小的损害；间距错乱 |
| B | 过多字体或字号的变化，使作品几乎不具有可读性 | 有少量字体或字号变化，使读者阅读或理解困难 | 字体或字号种类有限；作品能初步直观地被整合起来 |
| C | 没有考虑空格的使用——空格随意且混乱；难以分清文本的开头和结尾 | 尽管作品似乎在纸上随意“错落”，没有留白或边距，但对空格做了初步考虑 | 空格初步构建并平衡了作品；尽管部分文本可能修饰了边缘，但也可能留有边距；用法不一致；初步出现段落 |
| D | 图形、图像或图表并未出现、难以理解且/或与文本无关 | 图形、图像或图表“或许”与文本相关 | 图形、图像或图表有时能与文本匹配并与其融为一体 |
| E | 没有标记（题目、着重号、页码、副标题等） | 可能使用了一个标记（一个题目、单个着重号或页码） | 使用了标记，但并没有对文本组织和阐述起到帮助 |
| **关键问题：**完成的作品是否易于阅读、优美呈现且赏心悦目？ | | | |

## 呈现方式

| | 熟练 | | |
|---|---|---|---|
| | 4 胜任 | 5 熟手 | 6 杰出 |
| | 作品的呈现方式或格式是标准的、可预测的,传达了似乎是完整又清晰的信息 | 呈现方式或格式有助于对信息的理解;作品似乎是完整的,且赏心悦目 | 作品完整,且有极好的呈现方式或格式;格式加深了对信息的理解;表现形式完整,质量上乘 |
| A | 手写正确且具有可读性;间距符合要求、整齐明了 | 手写整齐、可读、符合要求;字母与词语之间的间距始终统一;文本易读 | 手写具有书法性;易于阅读,间隔统一;作者意图明确 |
| B | 字体或字号符合要求且合理恰当;作品易于理解 | 字体或字号吸引读者阅读文本;作品容易理解 | 字体或字号增强了可读性,丰富了整体的表现形式;作品极易理解 |
| C | 通过留白,空格帮助建构了文本;用法在整体上仍然不合要求;一些段落交错相连,一些独立成段 | 空格帮助读者专注于文本;留白架构了作品,其他空格构建了标记和图表;用法具有目的性;大部分段落交错相连或独立成段 | 空格的使用优化了文本构建,使文本中的标记和图表均匀分布;所有段落要么交错相连,要么独立成段 |
| D | 图形、图像或图表论证且始终在阐释文本 | 图形、图像或图表丰富了文本的意义,且加强了文本的层次性 | 通过将读者的注意力吸引到信息上,图形、图像或图表丰富和拓展了意义 |
| E | 使用标记来组织、阐述和呈现整篇作品 | 使用标记将作品的图表与表达意义整合了起来 | 标记不仅可以帮助读者理解信息,而且还可以帮助其拓展、丰富作品 |
| **关键问题:**完成的作品是否易于阅读、优美呈现且赏心悦目? | | | |

附录 B：

# 以图例说明的 6 级“6+1”特质写作量规，K-2 年级

Illustrated Six-Point 6+1 Trait Writing Rubrics, Grades K-2

## K-2 图例说明的初级写作量规

观 点

| | |
|---|---|
| 杰出 6 | •思路清晰且新颖；话题具体不宽泛。<br>•细节论据具有相关性、准确性和具体性。<br>•图片、图表、图像（如有）能够阐述文本。<br>•重点：写作围绕话题展开。<br>•铺陈详细全面、结构完整。 |
| 熟手 5 | •思路清晰；话题具体不宽泛。<br>•细节论据具有相关性、逻辑性，大部分具有准确性。<br>•图片、图表、图像（如有）能够阐述文本。<br>•重点：写作通常围绕话题展开。<br>•铺陈结构完整。 |
| 胜任 4 | •思路清晰，但过于概括 —— 仅有简单的故事或解释。<br>•文本中有论据。<br>•图片（如有）能够论证文本。<br>•重点：总体围绕话题展开，存在少许失误。<br>•铺陈尚且满足需要。 |
| 成形 3 | •文本论述有思路。<br>•细节论据非常少。<br>•图片（如有）能够提供论证细节。<br>•重点：仅有一句话（或虽有多句话但重复相同的思想）<br>•铺陈过于简单。 |
| 入门 2 | •思想是通过文本、标签、符号等一般性方式表达的。<br>•论据：文本中没有出现。<br>•图片：与某个词、某个标签、某个符号具有相关性。<br>•重点：不清晰或极度受限。<br>•铺陈：没有。 |
| 新手 1 | •思路不清晰；有初步陈述意识。<br>•论据：没有。<br>•图片：不清晰。<br>•重点：没有。<br>•铺陈：没有。 |

# 观　点

| | |
|---|---|
| 杰出 6 | The Condo<br>Once I built a bird condo. I had to get wood and screws. I drilled the screws with a power drill. I took a sander, I had to sand a piece of wood, I cut [illegible] holes in the wood. Then I [illegible] two poles that fit the holes [illegible] a piece of paper with holes in it. Glue it to the poles. I had [illegible] [illegible]. Make sure it has at least two floors. And you are done. |
| 熟手 5 | I like the Dener zoo. The zoo is a fun place. Because if you want to be a vet in the zoo you need to know what kind of animal you might be working with. I want to see animals. And you might to. Because what would we be without animals. That's my story. |
| 胜任 4 | My favorite place to visit is on the playground Because lots of cinds of kids play on the playground everday! I like to push the merry-go-round |
| 成形 3 | I Wod like to see a Tigry. they look The Tigryy [illegible] |
| 入门 2 | lyg duys ayosoas |
| 新手 1 | |

## 组 织

| | |
|---|---|
| 杰出 6 | •结构可以突显中心思想。<br>•图片(如有)增强了文本。<br>•转承流畅且多变。<br>•排序展现了对整体效果的规划。<br>•存在吸引人的线索和成熟的结尾。<br>•格式有助于读者定位。 |
| 熟手 5 | •结构容易理解。<br>•图片(如有)能够阐述文本。<br>•转承具有一定程度的多变性。<br>•排序合理有效。<br>•存在吸引人的线索和总结性的句子。<br>•格式清晰。 |
| 胜任 4 | •结构清晰、完整,可以预测文本。<br>•图片(如有)对各要素的定位做了精心安排。<br>•转承有助于文本预测。<br>•排序可能走了弯路,但读者能够理解。<br>•存在开头、中间、结尾(“The end”)。<br>•要素所在位置的格式大体准确。 |
| 成形 3 | •存在结构。<br>•图片要素定位合乎逻辑。<br>•没有转承,或仅依赖连接词(“and”“and then”)。<br>•排序:没有或令人困惑。<br>•存在简单的开头和中间,没有结尾。<br>•文本和图片在页面中的格式大体正确。 |
| 入门 2 | •结构初步成形。<br>•图片未能成功排列或平衡各要素。<br>•转承:没有。<br>•排序:没有。<br>•开头未开好,没有中间或结尾。<br>•存在简单格式符号(左对齐,图片和文本位置,间距)。 |
| 新手 1 | •没有结构。<br>•图片要素随意、散乱或不平衡。<br>•没有排序和转承。<br>•没有开头和结尾。<br>•格式线索:没有。 |

# 组 织

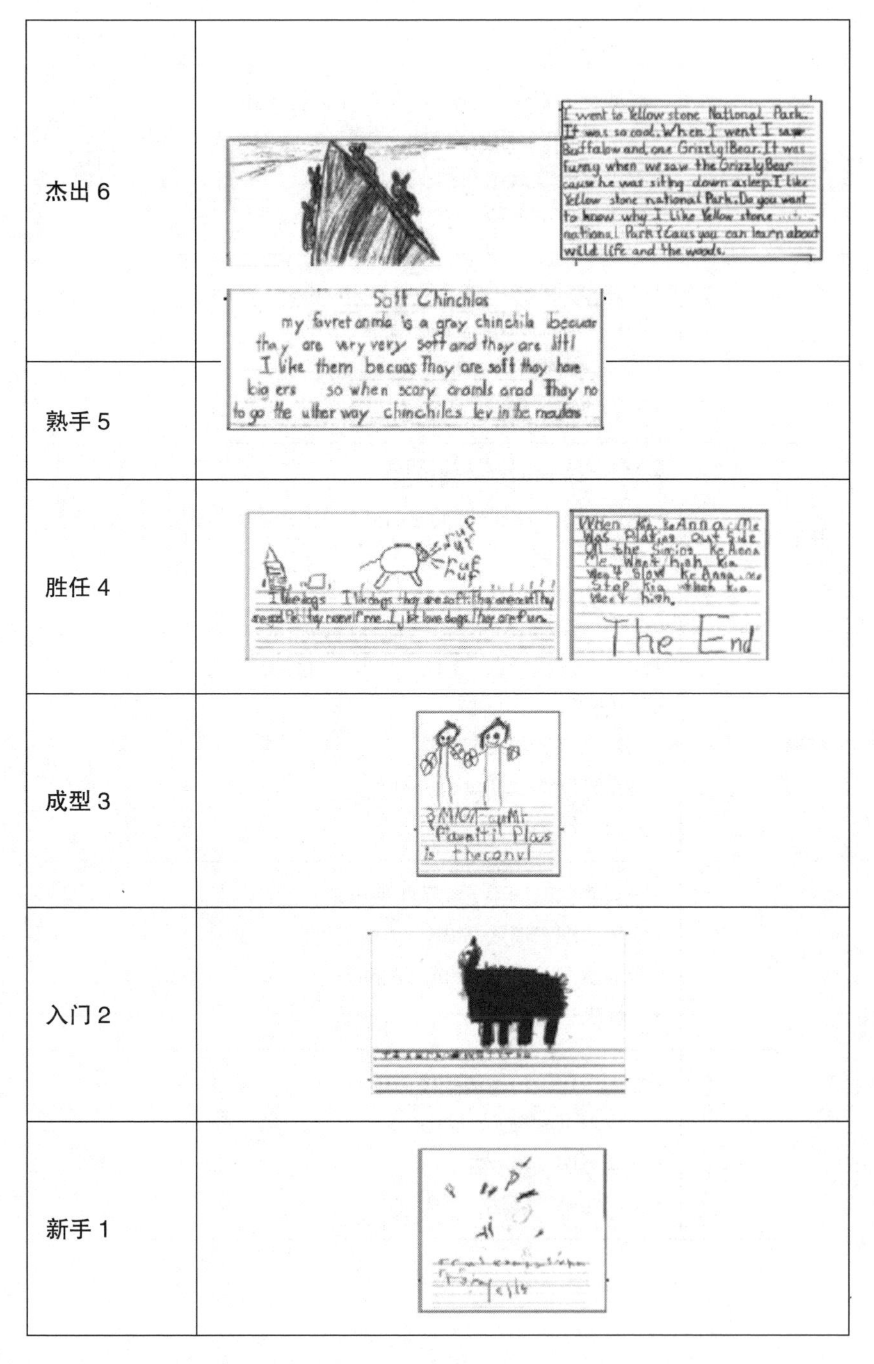
杰出 6
I went to Yellow stone National Park. It was so cool. When I went I saw Buffalow and one Grizzly Bear. It was funny when we saw the Grizzly Bear cause he was sitting down asleep. I like Yellow stone national Park. Do you want to know why I like Yellow stone national Park? Caus you can learn about wild life and the woods.
熟手 5
Soft Chinchlas
my favret anmla is a gray chinchila becuar thay are very very soft and thay are litl I like them becuas thay are soft thay have big ers so when scary anmls arad thay no to go the uther way chinchiles lev in the
胜任 4
ruf ruf ruf ruf
I like dogs I like dogs thay are soft
The End
成型 3
入门 2
新手 1

## 语 气

| | |
|---|---|
| 杰出 6 | •对情感的表达非常到位,促进了话题论述。<br>•图片(如有)增进了情绪、活跃了氛围和突出了观点。<br>•有极好的观众意识;能吸引人阅读。<br>•确实具有个人独特性;真诚,表达有特点。 |
| 熟手 5 | •作者对主题的情感是高调且明显的。<br>•图片(如有)丰富了情绪、活跃了气氛。<br>•引导读者参与(“Did you know?”)。<br>•表达独特且真诚。 |
| 胜任 4 | •写作中有可识别的情感。<br>•图片(如有)以概括的方法充分把握了氛围或情绪。<br>•有观众意识。<br>•文本初具个人特点。 |
| 成形 3 | •用几个词或标点(“fun”“like”“favorite”、下划线、感叹号)表达情感。<br>•图片以事实或细节表达。<br>•观众意识的呈现具有一般性。<br>•具有个性表达。 |
| 入门 2 | •一般情感以词和/或图体现出来。<br>•图片体现了情绪、简单情感或行为。<br>•观众意识:尚不存在或不清晰。<br>•个性表达初步成形。 |
| 新手 1 | •文本不足以传达情绪或情感。<br>•图片难以解释。<br>•观众意识尚不存在。<br>•不存在个性表达。 |

## 语　气

| | |
|---|---|
| 杰出 6 | My Dancing Dog Frank<br>I have a dog his name is Frank he is so funny because he [illegible] it and hides it so nobody can find it What he most likes to do is stay on the couch all day and watch TV. [illegible] is [illegible] because Frank is a yellow [illegible], so that means the color of him is yellow. He [illegible] getting brushed. All the time he wants to get brushed. It's very annoying. When you [illegible] him for a long time he will [illegible] and in two or three seconds Frank will run very fast around the house and get all hiper. I think everybody should have a dog like Frank because he's fun, nice, gentle, funny, and most of all he's very, very, I mean very, cute. |
| 熟手 5 | The Day I Met Ellen<br>When I walked in the room there was a [illegible] Ellen She was so Butiful [illegible] had [illegible] hair [illegible] We played outside with other [illegible] after that we ate lunch I was so happy today. Then we had cupcakes Because it was the first Day of [illegible] Day of first grade. I had someone [illegible] Then I said good bye to Ellen!! bye!! Ellen said I said bye. The end |
| 胜任 4 | the Dog is my ferBit! |
| 成形 3 | I like dogs detbit<br>and Bekos detbit |
| 入门 2 | |
| 新手 1 | |

## 词语选择

| | |
|---|---|
| 杰出 6 | •文本能够通过词语传达完整信息。<br>•选词包括引人注目且让人难忘的词组。<br>•词汇具有精确性和准确性。<br>•用词少有重复。 |
| 熟手 5 | •文本仅以几个词传达信息。<br>•选词时有亮点,同时也有日常用语。<br>•词汇具有延展性。<br>•重复用词不频繁。 |
| 胜任 4 | •词语立足于本义,仅传达简单意义。<br>•词语具有基础性,但使用正确。<br>•大多数词汇具有常规性,仅有少数例外。<br>•用词有一些重复。 |
| 成形 3 | •词组和短语在图的帮助下,一起陈述话题。<br>•选词有依据。<br>•词汇限于“知道”和“安全”的词语。<br>•“安全”的词语和短语有重复。 |
| 入门 2 | •少数词语初步出现。<br>•选词令人费解。<br>•词汇依赖语境传达意义。<br>•重复:可能存在字母、字母表、名字等的重复。 |
| 新手 1 | •没有词语(模仿写作)。<br>•选词:没有。<br>•词汇:没有。<br>•重复:字母形状不一致、模仿写作或没有。 |

## 词语选择

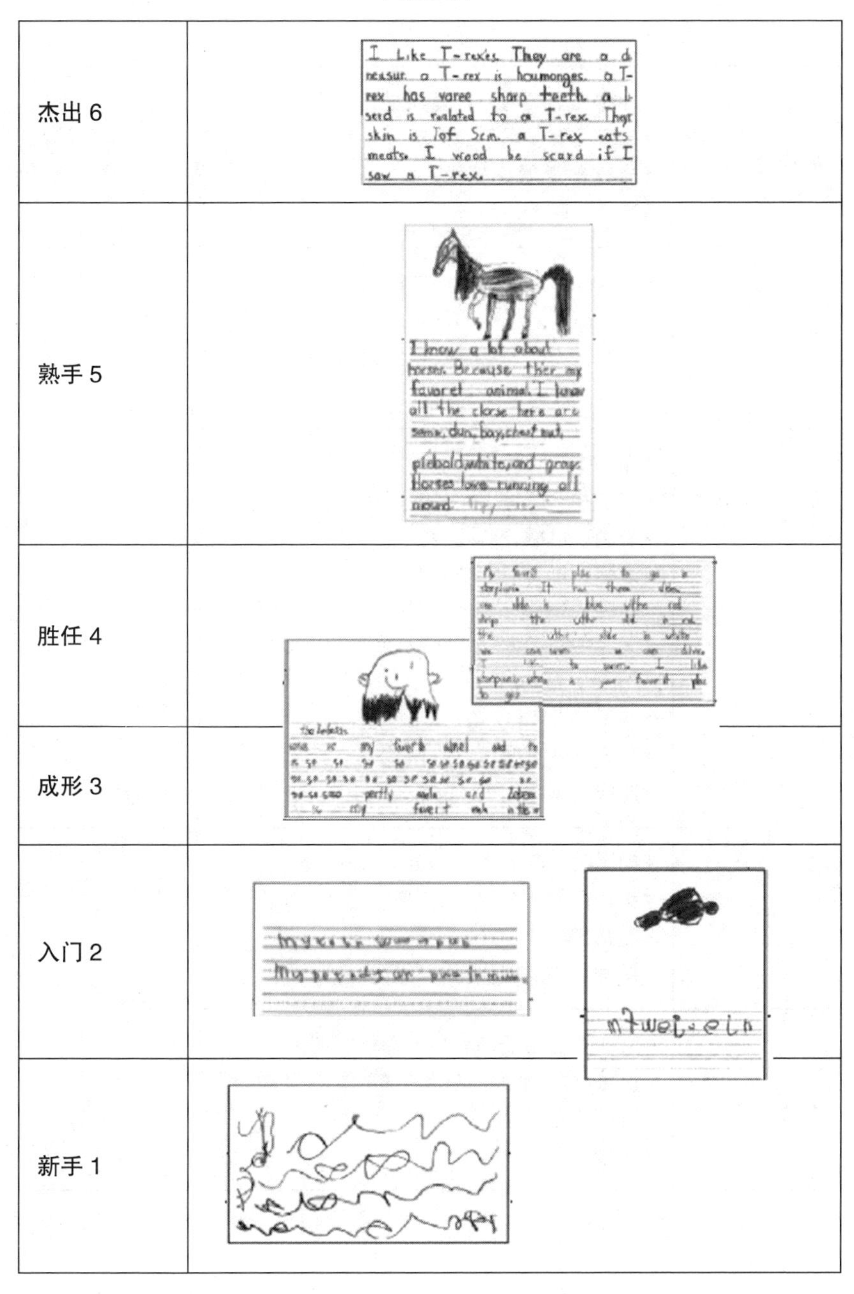
杰出 6
I Like T-rexes. They are a dinasur. a T-rex is houmonges. a T-rex has varee sharp teeth. a lised is rualated to a T-rex. Thar skin is Iof Sem. a T-rex eats meats. I wood be scard if I saw a T-rex.
熟手 5
I know a lot about horses. Because ther my favoret animal. I know all the clorse here are
胜任 4
成形 3
入门 2
新手 1

**语句流畅**

| | |
|---|---|
| 杰出 6 | •存在几个结构和长度多变的句子。<br>•句子具有多样化的开头。<br>•节奏流畅，读之轻松。<br>•连接词稳定作用。 |
| 熟手 5 | •存在几个使用多种句式的句子。<br>•句子具有多样化的开头。<br>•节奏较流畅、不机械，容易读出声来。<br>•连接词没有降低流畅性。 |
| 胜任 4 | •作品中句式种类有限。<br>•句子并不总是用同样的开头。<br>•节奏较机械、不够流畅。<br>•连接词具有一定多样性。 |
| 成形 3 | •文本中句子大部分成型，且可解（“Like bunne becuz their riree Fas”）<br>•句子开头雷同（“I like...”）。<br>•节奏虽此起彼伏，却有重复。<br>•连接转承在词组中起联结作用（“and”“then”等等）。 |
| 入门 2 | •句子部分成形（“Cus it is clu”）。<br>•可能存在一个词语或词组在文本整页重复出现的情况。<br>•没有节奏。<br>•句子中的某部分可能有连接词。 |
| 新手 1 | •文本中的句子，或句子的部分不成形。<br>•符号、线条或涂写从左至右可能都在模仿写作。<br>•词语孤立。<br>•连接词：没有。 |

## 语句流畅

| | |
|---|---|
| 杰出 6 | Underwater for ever<br>Samon are incredible animals for two reasons. First, when samon are born they start out in the ocean. Then when it is time to spon they move up to rivers and streams jumping out of the water swimming as fast as the can. Clearly they take sponning serosly. Second when spon ning season is over it starts all over again. |
| 熟手 5 | The fort<br>One day I was building a fort I knew I would make a fort with two rooms. One room had a living room and in the same room was a kitchen. I made a couch out of a big blanket And I put fake food in the kitchen.<br>The second room was the bedroom. It had a cushin blanket bed I slept in the bed for a week.<br>I wish I had a fake toilet, sink and a bathtub Then I would have a bathroom.<br>Today is Wednesday I just made cookies. I just at five.<br>Now I must go to bed Cause I have a tummy ach from the cookies. Goodnight |
| 胜任 4 | I like my Gadmo, becuse my fusens are sac. I play. I go out sad. I play ball. I rid bik. We go driving I wit to mar at posu ha. I like my gramo. |
| 成形 3 | BLiKE BUNE BCUZ I hEr rupe<br>RS |
| 入门 2 | Cus it isclu. Peer |
| 新手 1 | |

## 表达习惯

| | |
|---|---|
| 杰出 6 | •大写:在句首、专有名词、标题中使用准确。<br>•标点:结束标点、列举中的逗号以及其他突显文体效果的标点使用正确。<br>•拼写:年级水平词语及“困难”词语即使拼写不准确,也具有逻辑性。<br>•语法及使用:准确。<br>•分段:各段落统一缩进。 |
| 熟手 5 | •大写:句首、专有名词、标题中的大写通常是正确的。<br>•标点:结束标点通常正确,也有一些不同用法。<br>•拼写:年级水平词语通常使用准确。<br>•语法及使用:通常准确。<br>•分段:首行缩进。 |
| 胜任 4 | •大写:句首、名词、标题中的大写明显。<br>•标点:结束有标点。<br>•拼写:常用的年级水平词语大多数正确;能按语音轻易识别拼写。<br>•语法及使用:主谓一致和时态仍然时对时错。<br>•分段:时有时无,或根本不分段。 |
| 成形 3 | •大写:句首、名词、标题前后矛盾。<br>•标点:某处会出现句号或其他标点。<br>•拼写:语音拼写可识别;一些词语拼写准确。<br>•语法及使用:有语法结构,但不完整。<br>•分段:没有。 |
| 入门 2 | •大写:大、小写字母随意使用。<br>•标点:没有标点或标点使用随意。<br>•拼写:按语音,一些词语可识别,且 / 或简单的词语拼写正确。<br>•语法及使用:存在部分语法结构。<br>•分段:没有。 |
| 新手 1 | •大写:有印刷体意识。<br>•标点:没有。<br>•拼写:仅能从语音辨认拼写或无法识别。<br>•语法及使用:没有。<br>•分段:没有。 |

## 表达习惯

| | |
|---|---|
| 杰出 6 | Friends are [illegible]<br>A friend is someone you play with at recess. You need to have at least one or two things in common. They need to share toys and if you are at recess and your friend wants to play, it is not nice to say you can't play. A friend is someone who does not cheat on games or is not a poor sport. A poor sport is someone who after they lose a game or get out of a game they start whining [illegible] "I'M NOT PLAYING WITH YOU ANY MORE!" One of my favorite things is a friend makes you giggle at jokes that they say, but the bad part is if you giggle at school you can get in trouble by the teachers. You don't have to copy your friend, for example if they like chocolate chip cookies and you don't, you should not say "me too!". This is what my friends are like. What is your friend like? |
| 熟手 5 | A Baby Elephant<br>I wet to th Sool sawa Ellophet It was gray and It live penut It is a baby It loves me It's socut It makes me [illegible] |
| 胜任 4 | I like to visit Oragin becasa I lik to visit my Meemo. I like to get the big fan leavs that she has. I like to go to the park that we can walk to and play games in the haus with Meemo! |
| 成形 3 | My favorite plas is my grops haus because I play with my kuns and we go out sid to play out sid. |
| 入门 2 | Mommy haves me onen I got [illegible] she hapme onen I criud [illegible] and she sarbs me wants [illegible] and [illegible] wants to be [illegible] onen I feel lonle she's weah me. [illegible] |
| 新手 1 | [illegible] |

来源：《西北教育》，2010 年（educationnorthwest.org）。授权转载。

# 参考文献

References


Andrade, H. L., Du, Y., & Mycek, K. ( 2010 ). Rubric-referenced self-assessment and middle school students' writing. *Assessment in Education, 17* ( 2 ), 199—214.

Andrade, H. L., Du, Y., & Wang, X. ( 2008 ). Putting rubrics to the test: The effect of a model, criteria generation, and rubric-referenced self-assessment on elementary students' writing. *Educational Measurement: Issues and Practice, 27* ( 2 ), 3—13.

Arter, J. A., & Chappuis, J. ( 2006 ). *Creating and recognizing quality rubrics.* Boston: Pearson.

Arter, J. A., & McTighe, J. ( 2001 ). *Scoring rubrics in the classroom.* Thousand Oaks, CA: Corwin Press.

Arter, J. A., Spandel, V., Culham, R., & Pollard, J. ( 1994 ). *The impact of teaching students to be self-assessors of writing.* Paper presented at the annual meeting of the American Educational Research Association, San Francisco. ERIC Document Reproduction Service No. ED370975.

Brookhart, S. M. ( 1993 ). Assessing student achievement with term papers and written reports. *Educational Measurement: Issues and Practice, 12* ( 1 ), 40—47.

Brookhart, S. M. ( 1999 ). Teaching about communicating assessment results and grading. *Educational Measurement: Issues and Practice, 18*( 1 ), 5—13.

Brookhart, S. M. ( 2010 ). *How to assess higher-order thinking skills in your classroom.* Alexandria, VA: ASCD.

Brookhart, S. M. ( 2011 ). *Grading and learning: Practices that support student achievement.* Bloomington, IN: Solution Tree.

California State Department of Education. ( 1989 ). *A question of thinking: A first look at students' performance on openended questions in mathematics.* Sacramento, CA: Author. ERIC Document No. ED315289.

Chapman, V. G., & Inman, M. D. ( 2009 ). A conundrum: Rubrics or creativity/ metacognitive development? *Educational HORIZONS, 87* ( 3 ),198—202.

Chappuis, J. ( 2009 ). *Seven strategies of assessment for learning.* Boston: Pearson.

Chappuis, J., Stiggins, R., Chappuis, S., & Arter, J. ( 2012 ). *Classroom assessment for student learning: Doing it right–using it well* ( 2nd ed. ). Boston: Pearson.

Chappuis, S., & Stiggins, R. J. ( 2002 ). Classroom assessment for learning. *Educational Leadership, 60* ( 1 ), 40—43.

Coe, M., Hanita, M., Nishioka, V., & Smiley, R. ( 2011, December ). *An investigation of the impact of the 6+1 Trait Writing model on grade 5 student writing achievement: Final report.* NCEE Report 2012—4010. Washington, DC: U.S. Department of Education.

Goldberg, G. L., & Roswell, B. S. ( 1999—2000 ). From perception to practice: The impact of teachers' scoring experience on performance-based instruction and classroom assessment. *Educational Assessment, 6* ( 4 ), 257—290.

Hafner, J. C., & Hafner, P. M. ( 2003 ). Quantitative analysis of the rubric as an assessment tool: An empirical study of student peer-group rating. *International*

*Journal of Science Education, 25* ( 12 ), 1509—1528.

Heritage, M. ( 2010 ). *Formative assessment: Making it happen in the classroom.* Thousand Oaks, CA: SAGE.

Higgins, K. M., Harris, N. A., & Kuehn, L. L. ( 1994 ). Placing assessment into the hands of young children: A study of student-generated criteria and self-assessment. *Educational Assessment, 2* ( 4 ), 309—324.

Kozlow, M., & Bellamy, P. ( 2004 ). *Experimental study on the impact of the 6+1 Trait® Writing Model on student achievement in writing*. Portland, OR: Northwest Regional Educational Laboratory. Retrieved January 16, 2012, from http://educationnorthwest.org/webfm_send/134

Lane, S., Liu, M., Ankenmann, R. D., & Stone, C. A. ( 1996 ). Generalizability and validity of a mathematics performance assessment. *Journal of Educational Measurement, 33* ( 1 ), 71—92.

Moss, C. M., & Brookhart, S. M. ( 2009 ). *Advancing formative assessment in every classroom: A guide for instructional leaders*. Alexandria, VA: ASCD.

Moss, C. M., & Brookhart, S. M. ( 2012 ). *Learning targets: Helping students aim for understanding in today's lesson*. Alexandria, VA: ASCD.

National Council of Teachers of Mathematics ( NCTM ). ( 1989 ). *Curriculum and evaluation standards for school mathematics*. Reston, VA: Author.

Nitko, A. J., & Brookhart, S. M. ( 2011 ). *Educational assessment of students* ( 6th ed. ). Boston: Pearson.

O'Connor, K. ( 2011 ). *A repair kit for grading: 15 fixes for broken grades* ( 2nd ed. ). Boston: Pearson.

Parker, R., & Breyfogle, M. L. ( 2011 ). Learning to write about mathematics. *Teaching Children Mathematics, 18* ( 2 ), 90—99.

Perkins, D. N. ( 1981 ). *The mind's best work*. Cambridge, MA: Harvard University Press.

Ross, J. A., Hogaboam-Gray, A.,& Rolheiser, C. ( 2002 ). Student self-evaluation in grade 5—6 mathematics: Effects on problem-solving achievement. *Educational Assessment*, *8*, 43—58.

Ross, J. A., & Starling, M. ( 2008 ). Self-assessment in a technology-supported environment: The case of grade 9 geography. *Assessment in Education*, *15* ( 2 ),183—199.

Sadler, D. R. ( 1989 ). Formative assessment and the design of instructional systems. *Instructional Science*, *18*, 119—144.

Wiliam, D. ( 2011 ). *Embedded formative assessment*. Bloomington, IN: Solution Tree.

# 索引

Index

本索引页码为英文版页码,页码后面的“*f*”代表图表

# 译后记
Translation postscript

量规，是教学领域中不可缺少的一项内容，但国内了解和应用较少。国外学者对量规进行过许多相关研究，虽未形成统一定义，但是对其内涵已有基本认识。本书作者概括出量规的两大重要属性：一是清晰连贯的标准；二是依据标准制定的各层级表现描述。量规看似是一个全新的名词，但人们经常会在评价非客观性试题或任务时无意识地运用这种工具。例如，教师为衡量学生的阅读水平，往往会分别就流利、情感、断句等方面所占的分数给予规定，以便有效地进行评价等。只是教师在编制和使用量规时的规范性还远远不够，主要表现在将学习结果与学习任务混淆、将量规与要求或数量混淆，以及将量规与评估等级量表混淆等。基于此，本书作者从明确与量规概念相关的各种关键问题入手，再透过大量的正例和反例，详细阐述科学量规的编制和选择过程，给读者一种拨开云雾之感。

教师在进行教学设计时总逃不过思考这样三个问题："教什么？""怎么教？""教得如何？"这三个问题分别对应学生层面的"学什么？""如何学？"以及"学得如何？"量规恰好可以在其中发挥辅助和协调作用，让教学过程既有双向互动，又能促进教学双方的反思和发展。本书最重要的观点是确保教师教学以标准为重心，而非任务，因为作者认为，以学生学习内容为重心比以教学内容为重心更能真正促进教学。所以书中量规编制和选择的依据是学生学习的评价标准。

但和其他评估工具一样，量规只能在特定的领域起作用。当外显的行为表现能够准确地指征预期的学习结果时，量规就是最好的评估方式。书中重点提供了"6+1"特质写作量规和数学问题解决量规的案例，同时开创性地介绍了一般量规在报告写作和创造力方面的使用方法。而与一般量规相比，具体任务量规的使用情况就比较特殊，它主要用于评估学生对主体知识——事实和概念的识记和理解。除此之外，书中还列举了多个非量规评估工具，如检查表和等级量表等，既对主要的教学评估工具做了区分，又明确了量规使用的具体情境和优劣势，有利于教师在日常的教学活动中自由、合理选择。

量规是连接教学目标和教学评估的中间桥梁，是一种特别有用的工具。教师在使用的过程中切忌生搬硬套，要科学发挥自主性，充分利用量规自身形成性、学生中心的评估优势。本书提供了大量的实践操作案例，其实施都有具体的课堂背景，教师也要根据实际情况设计和编制出自己的量规。

本书翻译分工是杭秀翻译1、4、5、6、7、8、11章，结语，附录，索引，作者简介等，陈晓曦翻译2、3、9、10章，盛群力对全书翻译进行了校订，沈祖芸对译稿也进行了审读。

衷心感谢宁波出版社将本书列入"新班级教学译丛"，感谢陈静编辑、邵晶晶编辑提供的各种帮助！

欢迎读者对本书翻译中出现的错误予以指正！

杭秀 盛群力

2019年6月30日

图书在版编目（CIP）数据

如何编制和使用量规：面向形成性评估与评分 /（美）苏珊·布鲁克哈特著；杭秀，陈晓曦译. — 宁波：宁波出版社，2020.8（2023.12 重印）
（新班级教学译丛）
ISBN 978-7-5526-3430-3

Ⅰ. ①如… Ⅱ. ①苏… ②杭… ③陈… Ⅲ. ①量规－使用方法 Ⅳ. ① TG815

中国版本图书馆 CIP 数据核字（2018）第 300231 号



**如何编制和使用量规：面向形成性评估与评分**

RUHE BIANZHI HE SHIYONG LIANGGUI：MIANXIANG XINGCHENGXING PINGGU YU PINGFEN

（美）苏珊·布鲁克哈特 著；杭秀，陈晓曦 译；盛群力 校

---

出版发行 宁波出版社
（宁波市甬江大道 1 号宁波书城 8 号楼 6 楼 315040）
策划编辑 陈 静
责任编辑 陈 静 邵晶晶
责任校对 虞姬颖
印 刷 宁波白云印刷有限公司
开 本 787mm × 1092mm 1/16
印 张 11.75
字 数 165 千
版次印次 2020 年 8 月第 1 版 2023 年 12 月第 3 次印刷
标准书号 ISBN 978-7-5526-3430-3
定 价 55.00 元